과학놀이터

과학놀이터

2017년 6월 15일 개정판 1쇄 펴냄

펴낸곳 도서출판 산소리

지은이 임성숙
펴낸이 홍승권

등록 2004.11.17 제313-2004-00263호
주소 03716 서울시 서대문구 연희로 5길 82(연희동 2층)
전화 (02) 322-1845
팩스 (02) 322-1846
전자우편 saminbooks@naver.com

디자인 이진미
인쇄 수이북스
제책 은정제책

ISBN 978-89-6903-003-0 43400

값 13,000원

과학 놀이터

창의력 팍팍! 성적 쑥쑥!

임성숙 지음

산소리

과학놀이터를 재개장하면서...

　　우리 아이들이 과학을 즐겁고 재미있게 만나기를 기대하면서 과학놀이터를 개장한 이후, 벌써 많은 시간이 지났습니다. 이 놀이터에서 많은 아이들이 주변에 버려지는 물건들을 활용하여 새로운 원리를 알아가고 체험한 이야기를 들으면서 행복했습니다.

　　과학이 필요하고 중요하다는 것은 다 알지만 배우기에는 어렵고 재미없는 것으로 생각하게 되면 우리의 삶은 발전으로 이어지지 않겠지요. 영재를 만들고 싶다는 욕심으로 이해도 안 되는 원리를 외우거나 과학실에서만 접할 수 있는 것이 과학은 아니니까요. 이름조차 어려운, 비싸고 복잡한 실험도구로 하는 재미없고 어렵고 지루한 실험들. 그러한 실험들은 아이들을 과학으로부터 멀어지게 만들고 "과학은 정말 어렵다."며 고개를 절레절레 흔들고 결국 포기하게 하지요. 과학놀이는 아이들의 것만이 아니랍니다. 엄마랑 아빠도, 학생과 선생님도, 이 놀이터에서 과학을 즐기는 시간이 되기를 기대하면서 다시 정비합니다. 고장 난 그네도 손보고, 미끄럼틀에 쌓인 모래도 치우며, 학원으로 내몰렸던 아이들을 불러와 함께 즐길 수 있는 공간으로 새로 만들었습니다.

　　자유학기제가 확대 운영되면서 아이들에게 지식을 가르쳐주기보다는 스스로 답을 찾아가고 자유롭게 사고하며 놀 수 있는 마당이 더 필요해졌습니다. 흥미를 느끼면서 과학실험을 할 수 있는 분위기는 어려운 과제에도 더 집중할 수 있도록 만들어 줄 것입니다. 그래서 과학 교사로서, 한 아이의 엄마로서 우리 아이들이 재미있어 하면서 직접 느끼고 체험하는 가운데 원리를 알아갈 수 있는 실험들을 계속 개발하고 연구할 필요성을 절감하기에 과학놀이터를 재개장한 것입니다. 공부하기 위해서 책장을 펼치기보다는 재미있는 놀이를 하기 위해 이 책과 만났으면 합니다. 이 놀이터에서 아이들이 호기심 가득한 얼굴로, "TV에 나오는 얼굴이 나타났다 사라지는 이유가 뭐예요?", "새는 어떻게 날아요?", "빵에 왜 곰팡이가 생겨요?"하면서 끊임없이 질문

을 던지고 이 책과 함께 그 해답을 찾아가기 바랍니다. 이 책을 통해 책상에서만 하는 공부가 아닌 온 몸으로 체험하고, 생활 곳곳에서 발견할 수 있는 놀이로서 과학을 받아들이게 되기를 기대합니다. 아이들이 과학 놀이를 통해서 창의력이 높아지고 과학탐구력이 향상되어 우리나라, 더 나아가 세계 속에서 유능한 미래의 과학자로 자라나서 인류를 더욱 편리하고 행복하게 해줄 것이라 믿습니다.

새로 개장한 놀이터에도 비싸고 구하기 어려운 실험도구 대신 페트병, 깡통, 종이컵, 빨대, 감자, 달걀, 동전 등 집에서 쉽게 구할 수 있는 재료를 이용한 과학놀이를 담았습니다. 아이들이 마술처럼 신기하고, 소꿉장난처럼 재미있는 과학놀이를 하는 모습을 상상합니다. 놀이 속에서 자연스럽게 과학적 상식이 척척 쌓이고, 성적도 쑥쑥 오르는 걸 느낄 수 있을 것입니다. 이 놀이터에서 멀어졌던 과학과 아이들의 사이가 다시 가까워지고, 부담 없이 행복하게 과학을 배울 수 있을 것을 기대합니다.

과학놀이터 재개장을 하려니 이 과학놀이터를 만들 때 참여해 준 국원형, 장인협, 장보은, 김소앙, 조건희 학생들이 떠오릅니다. 그동안 훌쩍 커버렸을 모습이겠지만 즐겁게 참여했던 그 마음을 간직하며 계속 놀이터를 지켜주려고 합니다. 그리고 예쁜 그림을 그려주었던 친구 윤경이와 새로 개장할 수 있게 힘써주신 산소리출판사 홍승권 대표님과 직원 여러분들께 감사의 인사를 드리며, 언제나 나의 든든한 버팀목이 되어준 가족들과 사랑하는 학생들에게도 고마움을 전합니다.

신나는 과학실험을 함께할 새로운 놀이마당에서

과학교사 **임성숙** 드림

차례

여는글

Part 1 우리를 둘러싼 공기의 힘을 빌린 과학 놀이

Part 2 빛과 소리를 이용한 마술 같은 과학

Part 3   신기한 과학의 힘으로 하는 재미있는 놀이

Part 4 전기와 화학반응의 세계로 떠나는 모험

Part 5 여러 가지 운동 현상과 신나는 과학 탐험

다 함께 신나는 과학 여행을 떠나요.

우리에게 꼭 필요한 공기이지만
눈에 보이지 않고 만질 수도 없어서
가끔 그 존재를 잊기도 하죠.
아이들에게 공기의 힘을 알려줄 수 있는 여러 놀이를 해봐요.
재미난 놀이를 통해 강력한 공기의 힘을 느끼고
공기의 소중함도 깨닫는 기회로 삼아요.

Part 1

우리를 둘러싼
공기의 힘을 빌린
과학 놀이

바람을 후~ 불면
마술처럼 나타나는 탁구공

입으로 바람을 불면 마술처럼
탁구공이 튀어 나가요.

◀⟨ 준비됐나요? **탁구공, 컵**

놀이 속 숨겨진 과학

느끼지는 못하지만 우리 주변에는 엄청난 무게의 공기가 우리를 누르고 있어요. 이처럼 공기가 누르는 힘을 **기압**이라 하지요. 기압은 높은 쪽에서 낮은 쪽으로 이동하는데, 이때의 공기 흐름이 바람이에요. 입으로 바람을 불면 컵 위에 있던 공기의 수가 줄어들어 컵 아래에 있던 공기의 수가 더 많아지게 됩니다. 그래서 공기의 수가 더 많은 아래쪽(기압이 높은 쪽)에서 공기의 수가 적은 위쪽(기압이 낮은 쪽)으로 바람이 불어, 컵 안의 공이 밖으로 튀어 나가는 것이랍니다. 입으로 바람을 더 세게 불면 기압 차이가 더 커져서 공이 그만큼 더 멀리 튀어나가게 돼요.

종이컵보다 낮은 컵을 사용해야 탁구공이 잘 튀어 나가요.

1 컵에 탁구공을 넣습니다.

아무것도 없던 컵에서 탁구공이 나오는 것처럼 보여요.

2 입으로 컵 위쪽으로 바람을 불게 되면 탁구공이 튀어나갑니다. (불어넣는 것이 아닙니다.)

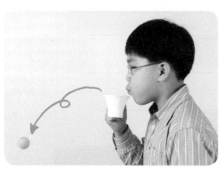

3 바람을 더 세게 불면 탁구공이 더 멀리 튀어 나갑니다.

 궁금해요

헬리콥터의 바람이 불면 위로 뜨는 힘이 생겨요.

헬리콥터가 뜨기 위해서는 위에 달린 바람개비가 돌아가며 일으키는 바람의 힘이 필요해요. 바람개비가 돌아 윗부분의 공기가 적어지게 되면 헬리콥터 아랫부분보다 기압이 낮아져요. 이때 생기는 기압차로 인해서 아래에서 위로 미는 힘이 생겨 헬리콥터가 뜨게 되는 것이지 요. 커다란 비행기 역시 날개 각도에 따라서 기압차가 생겨 위로 뜨기도 하고 내려가기도 한 답니다.

감자 차력 쇼쇼쇼

공기의 힘을 이용하면 힘없는 빨대로도
단단한 감자를 뚫을 수 있어요.

◀◀◀ 준비됐나요? 생감자, 접시, 빨대

놀이 속 숨겨진 과학

우리 눈에는 보이지 않지만 공기는 어디에나 있습니다. 물론 좁은 빨대 속에도 공기가 가득 차 있답니다. 엄지손가락으로 빨대의 한쪽 끝을 막고 감자를 찌르면 단단한 감자도 쉽게 뚫을 수 있는데, 빨대 속에 갇힌 공기가 힘을 받아 빨대가 구부러지지 않게 도와주기 때문이죠. 빨대 속의 공기가 빨대를 천하장사로 만들어주어 빨대 끝이 감자 속으로 쑥 파고 들어갈 수 있답니다.

1 접시 위에 익히지 않은 생감자를 올려놓습니다.

2 손으로 빨대를 잡고 감자를 찔러보면 빨대가 힘없이 꺾입니다.

빨대는 구멍 나지 않은 것으로 준비하세요. 구멍 난 빨대는 힘이 없어요.

3 엄지손가락으로 빨대의 한쪽 끝을 막고 감자를 찔러 봅니다.

4 처음에는 들어가지 않던 빨대가 감자 속으로 쏙 들어갑니다.

🧪 **미니 실험실**

준비물 : 신문지, 나무젓가락

신문지 차력 쇼!

❶ 탁자에 나무젓가락을 반쯤 걸치고 그 위에 신문지를 덮습니다.

❷ 손가락으로 젓가락을 빠르게 내리칩니다.

신문지로 재미있는 차력을 보여줄 수 있어요. 나무젓가락을 탁자 가장자리에 반쯤 걸쳐 놓고, 그 위에 신문지를 덮은 다음 젓가락을 빠르게 내리쳐 보세요. 신문지는 그대로 있는데 젓가락만 부러져요. 신문지를 덮고 있는 공기 압력이 신문지를 눌러주기 때문인데, 이때 젓가락은 공기 압력이 적어 부러지게 되는 것이랍니다.

노른자만 쏙쏙 분리하기

달걀노른자만 쏙쏙 빼내는 비법,
요리하는 엄마에게도 알려 주세요.

◀ 준비됐나요? 페트병, 뜨거운 물, 달걀, 접시

놀이 속 숨겨진 과학

페트병에 뜨거운 물을 넣었다 빼면 열에 의해 페트병 안의 공기 움직임이 활발해져서 페트병 입구를 통해 많은 공기가 밖으로 빠져나갑니다. 페트병 안의 공기 수는 줄어들고 공기가 누르는 힘은 약해지지요. 그로 인해 페트병 밖의 공기 압력이 더 커진 상태가 되고 그 기압차에 의해 바깥쪽에 있던 공기가 페트병 안으로 들어오려고 해요. 이때 병 입구를 노른자 가까이 대면 노른자만 페트병 속으로 빨려 들어가게 된답니다.

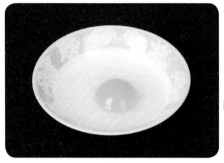

뜨거운 물을 다룰 때는 데지 않도록 조심하세요.

1 노른자가 풀어지지 않게 달걀을 깨뜨려 접시에 담아 둡니다.

2 페트병에 뜨거운 물을 부었다가 흔든 다음 쏟아 버립니다.

페트병이 식기 전에 바로 노른자에 대야 합니다.

3 뜨거워진 페트병을 노른자에 가까이 댑니다.

4 페트병 속으로 노른자만 쏙 빨려 들어갑니다.

🧪 미니 실험실

준비물 : 달걀, 스타킹

노른자와 흰자의 위치 바꾸기

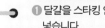

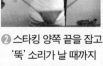

❶ 달걀을 스타킹 안에 넣습니다.

❷ 스타킹 양쪽 끝을 잡고 '뚝' 소리가 날 때까지 빙글빙글 돌립니다.

노른자 안에 흰자가 들어간 달걀을 본 적 있나요? 이제 노른자가 겉으로 나온 달걀을 직접 만들어 봐요. 스타킹에 달걀을 넣고 양쪽 끝을 잡아 '뚝' 소리가 날 때까지 돌린 후에 삶아 보세요. 흰자와 노른자의 위치가 바뀌었네요. 이 마술의 비밀은 원심력에 있어요. 달걀을 돌릴 때 생긴 원심력 때문에 밀도가 큰 노른자와 밀도가 작은 흰자의 위치가 바뀐 것이랍니다.

물이 거꾸로 올라가는

신기한 물병 만들기

물이 거꾸로 올라가는 신기한 물병을 만들어 볼까요?

◀〈 준비됐나요? 페트병, 투명한 물통, 차가운 물, 뜨거운 물

놀이 속 숨겨진 과학

공기는 공기 분자가 빽빽한 곳 즉, 기압이 높은 곳에서 공기 분자가 별로 없는 기압이 낮은 쪽으로 움직입니다. 페트병에 뜨거운 물을 부었다가 빼면 공기가 페트병 밖으로 많이 빠져나가 페트병 안의 기압이 낮아지게 되지요. 그래서 기압이 높은 페트병 밖 물통의 물이 페트병 안으로 빨려 들어가 거꾸로 올라가게 됩니다. 온도계 눈금이 위로 올라가는 것도 이와 같은 원리랍니다.

1 투명한 물통에 물을 1/3 정도 넣습니다.

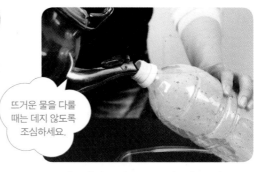

2 페트병에 뜨거운 물을 넣고 흔든 다음 쏟아 버립니다.

3 뜨거워진 페트병을 거꾸로 들고 재빨리 물통에 넣습니다.

4 물통의 물이 페트병 안으로 조금씩 올라갑니다.

 궁금해요

병뚜껑을 열 때 나는 '뻥' 소리의 비밀

병에 담긴 과일주스 뚜껑을 보면 '뚜껑을 열 때 뻥 소리가 나면 정상 제품입니다.'라는 문구가 적혀 있는데요. 과연 이 뻥 소리의 비밀은 무엇일까요? 과일 주스라고 해서 신선한 과일즙을 그대로 담아서 파는 것은 아닙니다. 세균이 생기는 것을 막기 위해 과일즙을 끓여서 병에 담고 뜨거운 상태에서 공기가 통하지 못하게 병뚜껑을 닫는데, 주스가 식는 과정에서 내부 공기가 차가워지고 압력도 떨어져요. 그래서 뚜껑을 열 때, 압력이 높은 바깥에서 압력이 낮은 안으로 공기가 들어가 뚜껑을 위로 밀어내기 때문에 뻥 소리가 나게 되는 것입니다.

물이 위로 흘러요

촛불이 꺼진 뒤 물이 컵 안으로 쑥 빨려 올라오네요.

◀ 준비됐나요? 약간 오목한 유리접시, 투명한 컵, 물, 초, 라이터

놀이 속 숨겨진 과학

불은 산소가 있어야 계속 탈 수 있어요. 그런데 유리컵으로 촛불을 덮으면 컵 안에 산소가 줄어들어 불이 꺼지게 됩니다. 즉 산소를 다 써버렸으니 컵 안에 있던 공기의 양이 줄어들게 되는데, 이것은 컵 안의 기압이 낮아졌다는 것을 말합니다. 공기는 기압이 높은 곳에서 낮은 곳으로 이동하기 때문에 밖에 있던 물이 컵 안으로 빨려 들어가게 된답니다.

유리컵보다 키가 낮은 양초를 사용하세요.

1 약간 오목한 유리접시 가운데에 초를 세우고 불을 붙입니다.

물의 움직임이 잘 보이도록 물감을 섞었어요.

2 접시에 넘치지 않을 정도의 물을 붓습니다.

3 투명한 컵을 촛불 위에 덮습니다.

4 잠시 후, 촛불이 꺼지면서 컵 밖의 물이 컵 안으로 빨려 들어갑니다.

미니 실험실

준비물 : 필름통, 빨대, 고무찰흙, 뜨거운 물, 차가운 물

빨대 온도계

필름통과 빨대를 이용하여 온도계를 만들어 볼까요? 필름통 뚜껑 가운데에 구멍을 뚫고 가는 빨대를 끼웁니다. 필름통 안에 물감 섞은 물을 반 정도 넣은 다음, 구멍과 빨대 사이를 고무찰흙으로 꼼꼼하게 메워 줍니다. 빨대 온도계를 뜨거운 물에 넣으면 필름통 안의 공기 부피가 팽창하여 빨대 안으로 물이 올라가고, 차가운 물에 넣으면 공기 부피가 수축하여 물이 안으로 내려간답니다.

흔들기만 해도 쫙 펴져요!

신기한 마술 캔

찌그러진 캔을 손으로 흔드니 저절로 펴지네요.

◀ 〓 **준비됐나요?** 따지 않은 캔 콜라, 송곳, 컵

놀이 속 숨겨진 과학

캔 속에 남아 있는 콜라를 이용한 신기한 마술이랍니다. 콜라에는 **이산화탄소**가 들어 있는데, 캔을 흔들게 되면 콜라 속에 녹아 있던 이산화탄소가 밖으로 빠져나와요. 그 이산화탄소로 인해 캔 안에 공기가 많아져서(기압이 커져서) 찌그러진 콜라캔이 펴지게 되지요. 콜라를 마신 후 트림을 하면 코가 찡해지는 것도 이산화탄소 때문이랍니다.

송곳을 사용할 때 손이 다치지 않도록 조심하세요.

1 캔 콜라의 위쪽 옆에 송곳으로 구멍을 뚫습니다.

캔을 찌그러뜨릴 수 있을 정도로만 콜라를 따라 내세요.

2 그 구멍으로 컵에 콜라를 조금 따라냅니다.

3 손으로 캔을 눌러 콜라가 넘치지 않을 만큼만 찌그러뜨립니다.

손가락으로 구멍을 꼭 막고 흔들어야 해요.

4 송곳으로 뚫은 구멍을 손가락으로 막고 캔을 흔들면 찌그러졌던 캔이 깨끗하게 펴집니다.

 궁금해요

냉장고 속의 페트병

냉장고에 넣어 두었던 페트병을 꺼내 보세요. 넣을 땐 멀쩡하던 페트병이 안쪽으로 찌그러져 있네요. 냉장고의 차가운 온도가 페트병 안의 공기를 차갑게 만들어 공기가 수축되면서, 페트병이 바깥 공기의 압력에 눌리기 때문이랍니다.

물속에서 음료수를 마실 수 있을까?

물속에서 음료수 마시기는
무척 어렵답니다. 왜 그럴까요?

◀◀ 준비됐나요? 투명한 물통, 물, 작은 페트병, 컵, 음료수

놀이 속 숨겨진 과학

물통의 수면에는 공기가 누르는 **대기압**이 작용합니다. 물속에 페트병을 거꾸로 세웠을 때 처음에는 지구가 잡아당기는 중력에 의해 잠깐 동안 음료수가 흘러나오지만 곧 나오지 않게 됩니다. 물 밖에서 누르는 공기의 힘이 병 속에 담긴 음료수 무게 및 공기의 힘과 똑같기 때문이에요. 그래서 물속에서 음료수를 마시려면 엄청나게 강한 힘으로 들이마셔야만 겨우 마실 수 있어요. 물통 안의 물을 퍼내면 퍼낸 만큼만 음료수가 빠져나오는 것도 이런 균형을 이루기 위해서랍니다.

1 투명한 물통에 물을 2/3 정도 담습니다.

처음에는 거품이 올라오면서 얼마간 음료수가 흘러나와요.

2 음료수가 담긴 작은 페트병을 물통에 거꾸로 세워 넣습니다.

3 음료수가 어느 정도 흘러나오고 나면 더 이상 나오지 않습니다.

4 물통 안의 물을 컵으로 조금씩 떠내면 빼낸 물만큼 페트병 안의 음료수가 줄어듭니다.

 궁금해요

안 열리는 뚜껑

알루미늄 그릇에 뜨거운 국을 담고 뚜껑을 닫은 채 얼마간 시간이 지난 후에 열려고 하면 뚜껑이 잘 열리지 않아요. 왜 그럴까요? 바로 그릇 안의 기압과 밖의 기압 차이 때문이에요. 뚜껑을 열려면 그릇 안에 남아 있는 공기를 활발하게 만들어야 해요. 그러니까 공기를 다시 팽창시키기 위해 그릇을 따뜻하게 만든 후에 열면 뚜껑이 쉽게 열린답니다.

물이 쏟아지지 않아요

투명 필름 하나면 거꾸로 들어도
페트병의 물이 쏟아지지 않아요.

◀ᅦ **준비됐나요?** 작은 페트병, 물, 투명 필름(또는 책받침)

놀이 속 숨겨진 과학

우리 주위에는 항상 공기가 누르는 힘, 즉 **대기압**이 작용합니다. 그 공기의 힘은 한 방향이 아닌 사방에서 작용하지요. 페트병을 막은 투명 필름에도 필름을 위로 누르는 공기의 힘이 작용하기 때문에 페트병을 거꾸로 세워도 물이 쏟아지지 않는답니다.

물의 움직임이 잘 보이도록 물감을 섞었어요.

1 작은 페트병에 물을 반 정도 채웁니다.

투명 필름으로 덮개를 만들면 눈에 잘 보이지 않아 더 신기하게 보여요.

2 투명 필름을 페트병 입구보다 조금 크게 자릅니다.

3 페트병 입구에 잘라 놓은 투명 필름을 덮습니다.

페트병을 거꾸로 들 때는 페트병을 약간 눌렀다가 놓으세요.

4 페트병을 거꾸로 들어도 물이 쏟아지지 않습니다.

궁금해요

사이다의 톡 쏘는 맛의 비밀

사이다를 마시면 입안에서 톡 쏘는 맛이 재미있죠? 톡 쏘는 맛의 비밀은 바로 이산화탄소에 있어요. 물에 잘 녹지 않는 이산화탄소에 높은 압력을 가해 사이다를 만든답니다. 김빠진 사이다는 맛이 없다고요? 그럴 땐 꽃에게 양보하세요. 꽃병에 김빠진 사이다를 넣으면 물을 잘 빨아들여 싱싱함이 오래 유지되고 잘 시들지 않아요. 줄기 속의 수분이 꽃병 속 물의 농도와 같아지려고 물을 잘 빨아들이기 때문이랍니다.

빨대 분무기로

일곱 색깔 무지개 만들기

햇빛을 등지고 빨대 분무기로
물을 뿜으면 무지개가 보여요.

◀三 **준비됐나요?** 하드보드지, 테이프, 빨대 2개, 칼, 자, 물, 컵

놀이 속 숨겨진 과학

공기의 속도가 빠른 곳은 기압이 낮아지고 공기의 속도가 느린 곳은 기압이 높아져요.
긴 빨대 쪽을 강하게 불면 빨대 끝부분의 공기 흐름이 매우 빨라져 그 주위의 기압이
내려가게 됩니다. 공기는 기압이 높은 곳에서 낮은 곳으로 흘러가기 때문에 짧은 빨대
를 통해 물이 위로 올라오게 되고, 그것이 긴 빨대로 불어넣은 바람에 의해 널리 흩어
져 안개처럼 보이는 것이랍니다.

1 하드보드지 위에 자를 대고 칼로
직각삼각형 모양으로 자릅니다.

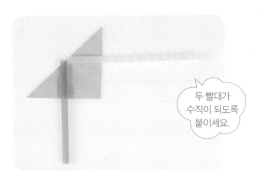

두 빨대가
수직이 되도록
붙이세요.

2 빨대 하나는 길게, 하나는 조금 짧게 잘라
하드보드지에 테이프로 붙입니다.

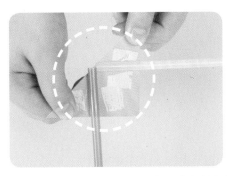

3 빨대 2개의 입구가 서로 반쯤 겹치게 붙여
입구가 좁아지게 합니다.

맑은 날 햇빛을
등지고 서서 빨대
분무기로 물을 뿜으면
무지개가 보여요.

4 짧은 빨대를 물이 담긴 컵에 넣고 긴 빨대를
힘차게 불면 분무기처럼 물이 뿜어 나옵니다.

 **미니 실험실**

준비물 : 풍선 2개, 호스

큰 풍선은 더 커지고, 작은 풍선은 더 작아져요.

❶ 풍선 하나는 크게,
하나는 작게 불어
호스 양쪽에 연결하고
가운데를 손으로 잡아
막습니다.

❷ 막고 있던 손을 떼면
작은 풍선의 공기가
큰 풍선으로 모두
넘어갑니다.

작은 풍선과 큰 풍선을 호스 양쪽에 연결한
다음 가운데를 손가락으로 눌러 공기가 지나
가지 못하게 막았다가 손가락을 떼는 순간,
작은 풍선 안에 있던 공기는 큰 풍선으로 다
넘어가 버려요. 공기는 기압이 큰 쪽에서 작
은 쪽으로 이동하는데 작은 풍선 속의 공기
기압이 더 크기 때문에 큰 풍선 쪽으로 이동
하는 것이랍니다.

볼 때마다 반갑게 인사하는 비닐장갑

물에 들어갔다 나올 때마다
반갑게 손을 흔들며 인사를 해요.

◀〰 **준비됐나요?** 작은 페트병, 물통, 물, 칼, 비닐장갑, 고무밴드

놀이 속 숨겨진 과학

아래를 잘라낸 페트병 안에도 물론 공기가 있답니다. 그래서 물속에 넣으면 페트병 안쪽으로 물이 들어오면서 공기가 위로 밀려 올라가 비닐장갑 쪽으로 모이게 되지요. 이 때문에 비닐장갑이 풍선처럼 팽팽하게 부풀어 오르는 거예요. 페트병을 물에서 꺼내면 물이 빠져나가면서 공기도 제자리로 돌아가기 때문에 비닐장갑이 수그러들어 마치 고개 숙여 인사하는 것처럼 보여요.

페트병을 자를 때 베지 않게 조심하세요.

1 페트병 아래쪽 부분을 칼로 잘라 냅니다.

공기가 새어 나가지 않도록 페트병 입구를 단단히 묶으세요.

2 페트병 입구에 비닐장갑을 씌우고 고무밴드로 꽁꽁 묶습니다.

비닐장갑에 얼굴 표정을 그려 넣으면 더 재미있어요.

3 페트병을 물이 가득 담긴 통에 천천히 넣으면 비닐장갑이 풍선처럼 부풀어 오릅니다.

4 페트병을 물에서 꺼내면 장갑 속의 바람이 빠지면서 원래대로 돌아갑니다.

 미니 실험실

준비물 : 컵, 색종이, 물, 물통

물에 젖지 않는 색종이

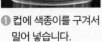

❶ 컵에 색종이를 구겨서 밀어 넣습니다.

❷ 물이 담긴 통에 컵을 거꾸로 세워 넣습니다

색종이를 구겨 넣은 컵을 거꾸로 세워 물속에 넣었다가 꺼내 보세요. 신기하게 색종이가 조금도 젖지 않았어요. 물에 젖지 않은 이유는 컵 안의 공기가 컵 속으로 물이 들어오지 못하게 밀어내기 때문이에요. 그래서 색종이에 물이 닿지 않는 것이랍니다.

빙글빙글 미니 토네이도

모든 걸 날려 버리는 무서운 토네이도!
페트병 안에 작은 토네이도를 만들어 봐요.

> 페트병 안에 빙글빙글 돌아가는 토네이도가 보이나요?

◀◀ **준비됐나요?** 뚜껑 있는 큰 페트병 2개, 송곳, 가위, 접착제, 테이프, 물

놀이 속 숨겨진 과학

토네이도는 미국 중남부 지역에서 일어나는 강한 회오리바람이에요. 우리나라에서는 보기 힘들지만, 미국에선 매년 수십 명이 목숨을 잃을 정도로 무서운 자연재해랍니다. 사람은 물론 자동차도, 집도 날려 버릴 만큼 강력한 바람이지요. 간단한 방법으로 토네이도를 만들어 볼까요? 물이 담긴 페트병을 손으로 잡고 빙글빙글 돌려주면 물속에 공기가 올라갈 수 있는 통로가 생겨 물이 만드는 토네이도 모양을 볼 수 있어요.

물이 새어 나가지 않도록 테이프로 꼼꼼하게 감아요.

1 페트병 뚜껑 2개를 맞대어 접착제로 붙이고, 테이프로 이음새를 여러 번 감아 줍니다.

송곳을 사용할 때 손이 다치지 않도록 조심하세요.

2 맞대어 붙인 페트병 뚜껑 가운데에 송곳으로 구멍을 뚫습니다.

3 송곳으로 낸 구멍에 가위의 한쪽 날을 넣어 구멍의 지름이 8mm 정도가 되도록 넓혀 줍니다.

물의 움직임이 잘 보이도록 물감을 섞었어요.

4 페트병 하나에 물을 2/3 가량 담고, 구멍 뚫은 뚜껑을 돌려서 끼웁니다.

5 다른 빈 페트병 입구를 물이 담긴 페트병의 뚜껑에 맞대어 끼웁니다.

페트병은 한쪽 방향으로만 돌리세요.

6 물이 든 페트병이 위로 가게 한 다음 페트병을 잡고 돌리면 물이 토네이도처럼 뱅뱅 돕니다.

물이 새지 않아요

페트병에 큰 구멍이 났는데도
물이 쏟아지지 않다니 신기하지요?

◀⦓〈 **준비됐나요?** 큰 페트병, 작은 페트병, 칼, 물, 물통, 글루건(또는 고무찰흙)

놀이 속 숨겨진 과학

페트병에 큰 구멍이 나 있어도 물이 넘치지 않는 이유는 **기압**과 **표면장력** 때문입니다. 표면장력이란 물의 표면에 있는 물이 서로 뭉치려는 힘을 말해요. 페트병 뚜껑을 닫고 있을 때는 페트병 바깥의 기압이 뚫린 구멍을 누르고 있고, 구멍 안의 물도 서로 뭉쳐 있으려고 하는 표면장력으로 인해 물이 넘치지 않아요. 그러나 뚜껑을 열면 페트병 밖의 공기가 안으로 들어와 페트병 속의 물을 밀어내기 때문에 구멍으로 물이 넘치게 됩니다.

1 칼로 작은 페트병의 1/3 지점을 자릅니다.

작은 페트병과 같은 굵기와 높이로 자르세요.

2 칼로 큰 페트병의 아랫부분을 자른 작은 페트병의 옆면과 같은 모양으로 잘라냅니다.

빈틈이 보이지 않도록 꼼꼼하게 붙여야 해요.

3 큰 페트병의 구멍에 잘라낸 작은 페트병을 반 정도 끼워 넣고 글루건으로 빈틈을 메워 줍니다.

4 작은 페트병의 윗부분을 손으로 막은 후 큰 페트병에 물을 채웁니다.

구멍에 물고기를 넣으면 훌륭한 어항이 됩니다.

5 물을 채운 뒤 재빨리 뚜껑을 닫으면 물이 더 이상 새지 않습니다.

6 페트병 뚜껑을 열면 뚫린 구멍으로 물이 흘러넘칩니다.

으라차차! 힘센 풍선

풍선만 들었는데 컵도 함께
딸려 올라오네요.

◀〓 **준비됐나요?** 투명한 플라스틱 컵, 뜨거운 물, 차가운 물, 물통, 풍선

놀이 속 숨겨진 과학

뜨거운 컵을 찬물에 식히면 뜨거운 물로 팽창되었던 공기가 수축되면서 풍선 바깥쪽
의 공기 압력보다 컵 안쪽의 압력이 낮아지게 됩니다. 공기는 기압이 높은 곳에서 낮
은 곳으로 이동하기 때문에 풍선이 컵 안으로 밀려 들어가게 되지요. 컵 입구에 풍선
이 달라붙어 있기 때문에 컵을 들어 올리면 풍선까지 함께 들어 올릴 수 있는 것이랍
니다. 물론 자리를 바꿔 풍선으로 컵을 들어 올릴 수도 있어요.

뜨거운 물을 다룰 때는 데지 않도록 조심하세요.

1 풍선은 적당한 크기로 불어 두고, 컵에 뜨거운 물을 붓습니다.

컵 안의 공기가 빠져나가지 않도록 풍선과 잘 밀착시키세요.

2 컵에 부었던 뜨거운 물을 쏟아 버린 뒤 재빨리 컵을 풍선에 대고 손으로 눌러 줍니다.

3 풍선에 컵을 붙인 상태에서 찬물로 컵을 식힙니다.

풍선이 컵 안으로 볼록 들어가 있는 것을 볼 수 있어요.

4 컵을 들어 올리면 풍선이 떨어지지 않습니다. 거꾸로 풍선을 들어도 컵은 떨어지지 않습니다.

 궁금해요

깊은 바닷속에는 무엇이 살까?

깊은 바닷속은 햇빛이 잘 들어가지 않고 온도도 낮아서 생물들이 살기 어려워요. 게다가 물의 깊이가 깊어질수록 물의 압력은 더욱 커지지요. 그래서 얕은 바다에 사는 생물들과 깊은 바다에 사는 생물들의 생김새도 다르답니다. 깊은 바다에 사는 생물 중에는 보는 능력이 퇴화되어 아예 눈이 없는 것들도 있어요. 또 몸 속 빈 공간에 공기 대신 물을 채워 놓아 수압에 의해 몸이 찌그러지지 않도록 압력의 균형을 맞춘답니다.

가까이 붙는 단짝 풍선

두 풍선 사이로 바람을
불었더니 더 가까이 붙어요.

◀｜⊱ **준비됐나요? 풍선 2개, 실**

놀이 속 숨겨진 과학

공기의 속도가 빠른 곳은 압력이 낮아지게 됩니다. 풍선은 둥글기 때문에 입으로 바람을 세게 불면 풍선과 풍선 사이의 공기 속도가 빨라져요. 즉 압력이 낮아지게 되어 풍선 밖에서 안쪽으로 힘을 받게 됩니다. 그래서 두 풍선을 떼어 놓으려고 바람을 불어도 더 가까이 붙는답니다. 풍선 대신 촛불 2개를 가지고 해도 결과는 같죠.

풍선이 정전기로
서로 달라붙지 않게
떨어뜨려 놓으세요.

1 풍선 2개를 비슷한 크기로 불고 풍선
꼭지에 실을 매달아 놓습니다.

풍선이 움직이지 않을
때를 기다렸다가
바람을 부세요.

2 풍선에 매단 실을 양손에 하나씩 잡고
적당한 간격을 벌려 눈높이로 들어
올립니다.

3 풍선과 풍선 사이에 입으로 바람을 불면
풍선끼리 달라붙습니다.

🧪 미니 실험실

준비물 : 초 2개, 빨대, 라이터

사이좋은 촛불

❶ 키가 같은 2개의 초를
세워 놓고 불을 붙입니다.

❷ 촛불 사이에 빨대로 바람을
불면 촛불끼리 달라붙습니다.

키가 같은 2개의 초를 세워 놓고
불을 붙인 뒤, 그 사이에 빨대로 바
람을 불어 봐요. 촛불 사이를 떼어
놓을 수 있을 정도로 세게 불어요.
그런데 어찌된 일일까요? 촛불이
멀어지기는커녕 서로 달라붙네요.

풍선이 자유자재로 변신해요

물의 온도에 따라 풍선이 커졌다 작아졌다 마음대로 변해요.

◀◁〈 **준비됐나요?** 작은 페트병, 풍선, 뜨거운 물, 얼음물, 물통

놀이 속 숨겨진 과학

물의 온도가 높아지면 공기의 움직임이 활발해져 부피가 커집니다. 입구에 풍선을 씌운 페트병을 뜨거운 물에 넣으면 페트병 안에 있던 공기의 부피가 커져서 풍선이 부풀어 올라요. 차가운 물이나 얼음물에 넣으면 페트병 안의 공기 온도가 점점 낮아지면서 공기의 부피가 줄어들게 되고, 그로 인해 풍선의 크기가 작아져 페트병 안으로 들어가게 된답니다.

뜨거운 물에 손이 데지 않게 주의하세요.

1 페트병에 물을 조금 넣고 페트병 입구에 풍선을 씌웁니다.

공기가 빠져나가지 않도록 병 입구에 풍선을 단단히 씌우세요.

2 풍선을 씌운 페트병을 뜨거운 물이 담긴 물통에 넣으면 풍선이 부풀어 오릅니다.

3 얼음물이 담긴 물통을 준비합니다.

4 풍선을 씌운 페트병을 얼음물에 넣으면 풍선이 페트병 안으로 점점 들어갑니다.

궁금해요

뜨거운 불 옆에 있던 부탄가스 통이 차가워요!

휴대용 가스레인지에 사용하는 부탄가스 통을 흔들어 본 적이 있나요? 물처럼 출렁거리는 것을 느낄 수 있어요. 그러나 가스통에서 나오는 순간 칙~ 하고 가스로 변해요. 통 안에서는 압력이 세서 액체로 머물다가 그 압력이 없어지는 순간 기체로 변하는 것이지요. 액체가 기체로 변하기 위해서는 열(에너지)이 필요한데, 이때 통 안의 열을 써서 기체로 변신하기 때문에 뜨거운 불 옆에 있어도 부탄가스 통은 차가운 것이랍니다.

나갈 테면 나가봐!

페트병 감옥 안에 갇힌 공

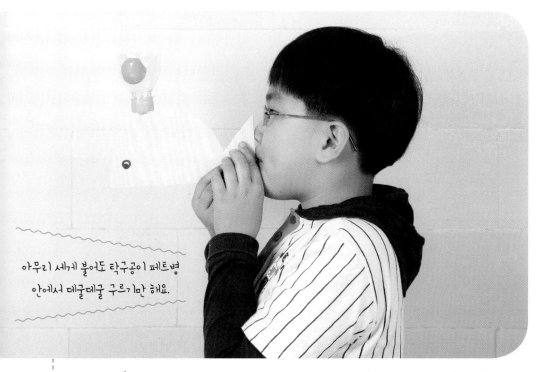

아무리 세게 불어도 탁구공이 페트병 안에서 데굴데굴 구르기만 해요.

◀〓〓 **준비됐나요?** 뚜껑 있는 작은 페트병, 탁구공, 주름 빨대, 글루건(또는 테이프), 송곳, 칼

놀이 속 숨겨진 과학

탁구공은 모양이 둥글기 때문에 빨대로 바람을 불어넣으면 바람이 지나가면서 기압차가 생기게 됩니다. 공이 회전하면서 페트병 위쪽에는 공기가 많아져 기압이 커지고, 아랫부분은 기압이 낮아져 위에서 아래로 힘을 받습니다. 그래서 바람을 아무리 세게 불어도 탁구공이 밖으로 튀어 나가지 않고 안에서 데굴데굴 구르기만 하는 거예요.

페트병 자른 단면에 손을 베일 수 있으므로 색종이로 감싸주면 좋아요.

1 칼로 페트병의 윗부분을 자릅니다.

2 송곳으로 페트병 뚜껑에 빨대가 들어갈 정도의 구멍을 뚫습니다.

글루건이 없다면 테이프를 감아 틈을 막으면 돼요.

3 주름 빨대의 꺾이는 부분을 뚜껑의 구멍에 넣고 틈을 글루건으로 막아줍니다.

4 자른 페트병 입구에 뚜껑을 돌려 끼웁니다.

고래 그림을 붙이면 더 재미있어요.

5 페트병 안에 탁구공을 넣습니다.

6 입으로 빨대를 세게 불어도 탁구공은 밖으로 튀어 나가지 못합니다.

아무리 강한 바람도 이기는 촛불

있는 힘을 다해 바람을 불어도
촛불이 꺼지지 않아요.

◀〰 **준비됐나요?** 두꺼운 종이, 종이컵, 테이프, 초, 라이터

놀이 속 숨겨진 과학

깔때기를 대고 아무리 바람을 세게 불어도 촛불이 꺼지지 않는 이유는 무엇일까요? 공기는 물처럼 물체의 표면을 따라 흐르려는 성질을 갖고 있기 때문이에요. 깔때기를 입에 물고 불었을 때 공기가 깔때기의 중심 부분으로 바로 나가는 것이 아니라, 깔때기의 나선형 벽면을 따라 퍼져 나가기 때문에 가운데 쪽의 공기 힘은 약해지게 됩니다. 그래서 아무리 세게 불어도 촛불이 꺼지지 않는 것이랍니다.

깔때기 입구 부분은 크게하고 부는 쪽은 좁게 만들어요.

1 두꺼운 종이로 고깔 모양의 깔때기를 만듭니다.

2 종이컵에 초를 꽂아 세우고 불을 붙입니다.

3 깔때기의 좁은 부분에 입을 대고 뭅니다.

깔대기 한가운데에 촛불이 오도록 맞추세요.

4 촛불을 향해 바람을 세게 불어도 촛불이 꺼지지 않습니다.

 궁금해요

달리는 기차 가까이 있으면 위험해요!

지하철을 기다리다 보면 "지금 열차가 들어오고 있으니 안전선 밖으로 한걸음 물러서 주시기 바랍니다."라는 안내 방송이 나옵니다. 왜 이런 경고 방송이 나오는 것일까요? 열차가 들어오면서 레일에 있던 공기를 밀어내어 우리가 서 있는 안전선 안쪽의 압력은 감소하게 됩니다. 그런데 등쪽의 압력은 그대로이기 때문에 우리의 몸은 압력이 약해진 기차 쪽으로 쏠리게 되어 위험해지는 것입니다. 열차에 가까이 있을수록 공기의 흐름이 빠르고 압력차가 커져서 더 강하게 빨려 들어갈 수 있으므로 지하철을 탈 때는 항상 안내 방송에 귀를 기울이세요.

병이 손바닥에 달라붙었어요

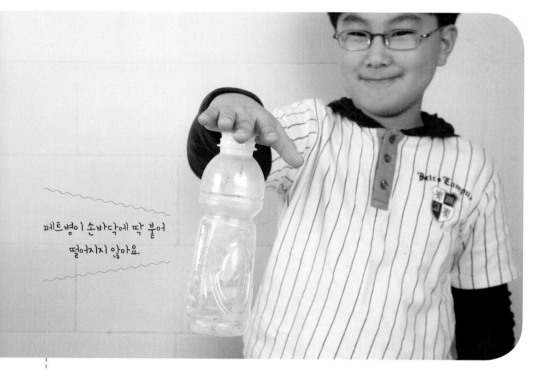

페트병이 손바닥에 딱 붙어
떨어지지 않아요.

◀≪ **준비됐나요?** 작은 페트병, 물통, 뜨거운 물

놀이 속 숨겨진 과학

페트병에 뜨거운 물을 넣으면 공기 운동이 활발해져 페트병 안에 있던 공기가 밖으로 나가기 때문에 병 속의 공기 수가 줄어들게 됩니다. 이때 입구를 손바닥으로 막고 페트병이 식기를 기다리면 병속에 있던 수증기가 물로 변하면서 페트병 안의 공기 수는 더 적어지지요. 페트병 밖에서 공기가 누르는 힘이 훨씬 세지기 때문에 밖에서 안으로 눌리게 되는 것입니다. 이러한 원리에 의해 페트병이 손바닥에 붙은 것처럼 보이는 거랍니다.

뜨거운 물을 다룰 때는 데지 않도록 조심하세요.

1 페트병에 뜨거운 물을 넣고 잘 흔든 뒤 따라 냅니다.

공기가 새어 나가지 않게 페트병 입구를 꼭 눌러요.

2 페트병 입구를 손바닥으로 덮고 누릅니다.

3 페트병이 식은 뒤에 손을 들어 올리면 손바닥에 페트병이 달라붙어 떨어지지 않습니다.

 궁금해요

공기도 무게가 있을까?

공기는 우리 눈에 보이지 않지만 바람을 느낌으로써 공기의 존재를 확인할 수 있지요. 그렇다면 공기도 무게가 있을까요? 풍선을 똑같은 크기로 불어 실에 묶어 막대의 양 끝에 매달고 한 풍선만 바늘로 찔러 공기를 빼보세요. 공기가 가득 들어 있는 풍선 쪽으로 기울어진답니다. 공기에도 무게가 있다는 것을 알 수 있지요. 그런데 왜 체중계는 공기의 무게를 잴 수 없을까요? 체중계를 만들 때 이미 공기의 압력(1기압)을 포함한 상태이기 때문입니다. 하지만 적은 양도 잴 수 있는 전자저울 위로 바람이 불면 무게가 달라진답니다.

붕~ 떠오르는 탁구공

빨대로 바람을 불면 탁구공이
점점 위로 떠올라요.

◀〈〈 **준비됐나요?** 작은 플라스틱 컵, 탁구공, 빨대, 송곳

놀이 속 숨겨진 과학

탁구공은 모양이 둥글기 때문에 빨대로 바람을 불면 탁구공 양끝의 공기 흐름이 빨라 집니다. 이 공기들이 탁구공의 아래쪽에 모여 상대적으로 공기가 많아지면서(기압이 커지면서) 탁구공이 위로 떠오르게 되는 거랍니다.

1 작은 플라스틱 컵의 가운데에 송곳으로
구멍을 뚫습니다.

> 탁구공의 정중앙을
> 향해 빨대를 불어
> 주세요.

2 구멍 뚫은 플라스틱 컵에 탁구공을 넣고
그 위에 빨대로 바람을 불어넣습니다.

> 침이 섞이면 잘
> 올라오지 않아요.

3 바람을 세게 불수록 탁구공이 위로 점점
올라옵니다.

궁금해요

열기구 타고 하늘로~

열기구를 타고 하늘에 둥실둥실 뜨는 것! 상상만 해도 재미있
지요? 열기구는 어떻게 하늘을 날 수 있을까요? 바로 열에 의
한 공기의 작용 때문이랍니다. 공기에 열을 가하면 공기 속 분
자들이 활발하게 움직이면서 부피가 증가하게 되지요. 부피가
증가하게 되면 공기가 흩어져서 밀도는 작아지게 됩니다. 이때
밖에 있는 꽉 찬 공기들이 안의 느슨한 공기를 위로 밀어 올리
는 부력이 발생하여 열기구가 하늘을 날게 되는 것이랍니다.

내가 불면 커지고
물속에선 작아지는 풍선

손가락 하나만 움직이면
페트병 안 풍선을 작게 할 수 있어요.

◀〰 **준비됐나요?** 뚜껑 있는 작은 페트병, 송곳, 풍선, 수조, 물

놀이 속 숨겨진 과학

풍선은 안에서 작용하는 압력과 밖에서 작용하는 압력이 같을 때까지 늘어납니다. 풍선 안에 바람을 불어도 페트병 안의 공기가 밀어내는 힘 때문에 풍선의 크기가 커지지 않아요. 그런데 페트병에 구멍을 뚫으면 구멍으로 공기가 빠져나가 풍선 밖에서 누르는 힘이 작아지지요. 그래서 쉽게 풍선이 늘어나요. 그러나 그 구멍을 테이프로 막으면 공기의 압력은 같아지므로 더 이상 풍선의 크기가 변하지 않습니다. 수조 안에 넣고 테이프를 떼면 페트병 안으로 물이 들어가면서 풍선이 작아집니다.

잘 뚫리지 않으면 송곳을 촛불에 달군 다음 뚫으면 잘 뚫려요.

1 페트병 아래쪽에 송곳으로 구멍을 뚫습니다.

풍선을 미리 불어서 늘린 다음 넣어야 잘 불어져요.

2 풍선 주둥이를 페트병 입구에 고정시켜 공기가 새지 않도록 합니다.

페트병 안에 풍선을 불어넣어 부풀게 한 후, 구멍이 뚫린 곳에 테이프를 붙여요.

3 페트병 안에 풍선을 불어넣어 부풀게 한 후, 구멍 뚫린 곳에 테이프를 붙여요.

4 풍선이 불어진 페트병을 물이 든 수조에 넣습니다.

5 물속에서 테이프를 떼어내면 풍선이 점점 작아집니다.

다 함께 신나는 과학 여행을 떠나요.

눈앞에 있던 그림이 순식간에 사라지고
아무것도 없는 종이컵에서 오리 소리가 들리는
마술처럼 신기한 놀이들!
그 속에도 모두 과학의 원리가 숨어 있답니다.
항상 궁금했던 마술의 비밀,
친구들 모르게 풀어 볼까요?

Part 2

빛과 소리를 이용한 마술 같은 과학

볼록렌즈의 비밀

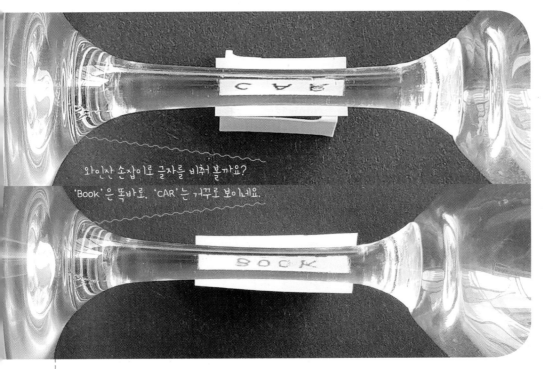

와인잔 손잡이로 글자를 비춰 볼까요?
'Book'은 똑바로, 'CAR'는 거꾸로 보이네요.

◀〈 **준비됐나요?** 와인잔, 종이, 파란색 펜, 빨간색 펜

놀이 속 숨겨진 과학

와인잔 손잡이 부분의 유리는 할머니가 쓰는 돋보기와 같은 **볼록렌즈**로 만들어졌는데, 볼록렌즈로 물체를 보면 거꾸로 보인답니다. 그런데 왜 'CAR'만 거꾸로 보이고 'BOOK'은 그대로 보였을까요? 그 비밀은 글자에 있어요. 'BOOK'은 우리나라 글자 '옹'처럼 거꾸로 봐도 똑같이 보이기 때문이죠. 종이에 'BOOK'을 쓴 다음 그대로 뒷면을 뒤집어서 비치는 글자를 보면 확인할 수 있어요. 영문자 B, C, D, E, H, I, K, O, X 는 거꾸로 보나 바로 보나 똑같이 보입니다. 이 영문자들을 이용하여 거꾸로 봐도 똑같은 단어를 만들어 보세요.

글씨는 와인잔 손잡이 폭보다 조금 작게 써야 잘 보여요.

1 종이에 빨간색 펜으로 'BOOK' 이라고 씁니다.

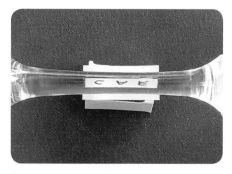

2 다른 종이에 파란색 펜으로 'CAR' 를 씁니다.

와인잔 손잡이가 둥근 모양으로 골라야 해요.

3 와인잔을 가로로 뉘여 손잡이 부분을 대고 'BOOK' 을 보면 글자가 그대로 보입니다.

4 다음 와인잔 손잡이 부분을 'CAR' 에 대고 보면 글자가 거꾸로 보입니다.

 궁금해요

얼음 돋보기 만들기

검은색 종이에 돋보기로 햇빛을 모아 초점을 맞추면 불이 붙는다는 사실, 잘 알고 있을 거예요. 그런데 돋보기 대신 얼음은 어떨까요? 물론 얼음으로도 불을 붙일 수 있답니다. 아래가 둥근 그릇에 맑은 물을 붓고 얼려, 한쪽은 판판하고 다른 쪽은 볼록한 얼음렌즈를 만들어 봐요. 얼음 렌즈의 볼록한 부분으로 햇빛을 모으면 돋보기와 마찬가지로 불이 붙는 것을 눈으로 볼 수 있 답니다. 이 방법을 이용하면 북극이나 남극에서도 라이터 없이 불을 붙일 수 있겠지요.

사라지는 투명 그림

물에 넣으면 그림이 사라지는
마술의 세계로 들어가 볼까요?

◀◁〈 **준비됐나요?** 투명한 지퍼백, 그림(또는 사진), 물통, 물

놀이 속 숨겨진 과학

물을 통과한 빛이 지퍼백 안의 공기를 통과하지 못하고 되돌아오기 때문에 우리 눈에
그림이 보이지 않는 거예요. 이것을 **전반사**라고 하는데, 물과 공기의 굴절률 차이로
물 표면에서 모든 빛이 반사하여 다시 물속으로 들어가는 현상을 말합니다. 그러나
지퍼백 속에 물이 들어가면 같은 물질을 지나가는 것처럼 빛이 통과하여 그림이 보이
게 된답니다.

지퍼백에 물이 들어가면 그림이 사라지지 않으니 지퍼백에 구멍이 났는지 확인하세요.

비닐봉지를 이용해도 좋아요

1 투명한 지퍼팩에 그림을 넣습니다.

2 물이 들어가지 않게 지퍼백의 입구를 손으로 꼭 잡습니다.

보는 각도를 잘 잡아야 해요. 물 위에서 봐야지 옆에서 보면 그림이 보여요.

3 물을 반쯤 채운 물통에 그림을 넣은 지퍼백을 천천히 넣습니다.

4 물에 들어간 부분의 그림이 사라집니다.

 궁금해요

투명인간은 진짜 있을까?

투명인간이 되어 이곳저곳을 자유롭게 돌아다니는 상상을 해 본 적이 있을 거예요. 그런데 실제로 투명인간이 존재할 수 있을까요? 이론상으로는 가능하다고 해요. 공기의 굴절률과 사람의 굴절률이 같아지면 사람의 모습이 우리 눈에 보이지 않게 되겠지요. 그런데 하나 문제점이 있답니다. 그것은 바로 눈. 투명인간도 물체를 보려면 눈에 물체의 상이 맺혀야 되는데, 눈까지 투명해지면 빛이 눈을 통과해 버려 앞을 볼 수 없답니다. 그래서 투명인간이 존재한다 하더라도 완전히 투명한 것이 아니라, 눈만 떠다니는 재미있는 모습을 보게 될지도 몰라요.

그림이 사라졌다가 나타나요

사라졌다가 다시 짠!
나타나는 그림 너무 신기해요.

◀〓〈 **준비됐나요?** 투명 플라스틱 컵 2개, 송곳, 물통, 물, 그림(또는 스티커), 테이프, 지우개 조각

놀이 속 숨겨진 과학

위에 포갠 컵의 구멍을 손가락으로 막고 물속에 넣으면 컵과 컵 사이에 물이 들어오지 못하고 공기로 가득 채워지게 됩니다. 물속에 컵을 넣었을 때 그림이 사라지는 것도 바로 이 때문이랍니다. 빛이 물은 통과하지만 컵과 컵 사이에 있는 공기는 통과하지 못하고 반사되기 때문에 안에 있는 컵의 그림이 보이지 않는 거예요. 이런 현상을 **전반사**라고 하는데 구멍을 눌렀던 손가락을 떼면 컵과 컵 사이에 물이 들어가고, 빛이 이 물을 통과하게 되어 그림이 다시 보인답니다.

송곳으로 구멍을 뚫을 때는 안전사고에 유의하세요.

그림이 물에 젖지 않도록 테이프로 꼼꼼하게 붙이세요.

1 투명 플라스틱 컵 하나의 바닥에 송곳으로 구멍을 뚫습니다.

2 남은 컵의 옆면에 그림을 그리고 그 위에 구멍 뚫은 컵을 포갭니다.

컵과 컵 사이에 공기가 머물 수 있게 틈 사이에 지우개 조각을 끼우세요.

3 위에 포갠 컵의 구멍을 손가락으로 막은 다음, 물속에 넣으면 그림이 사라집니다.

4 구멍을 막았던 손가락을 떼면 그림이 다시 나타납니다.

 미니 실험실

준비물 : 유리컵, 나무젓가락, 물

젓가락은 왜 물속에서 휘어 보일까?

❶ 비어 있는 컵에 나무젓가락을 넣어 봅니다.

❷ 물이 담긴 컵에 나무젓가락을 넣어 봅니다.

빛은 곧게 나아가는 성질이 있습니다. 아무것도 들어 있지 않은 투명한 컵에서는 빛이 계속 곧게 나가기 때문에 젓가락이 휘어져 보이지 않아요. 그러나 빛이 공기 중을 지나 물이나 기름을 지날 땐 속도가 느려져요. 그래서 빛이 꺾여 휘어져 보인답니다.

반대로 가는 물고기

유리컵 뒤로 지나갈 때마다
물고기 방향이 바뀌네요.

◀〓 **준비됐나요?** 둥근 유리컵, 물, 종이, 색연필

놀이 속 숨겨진 과학

볼록렌즈는 사물을 거꾸로 보이게 하는데, 물이 가득 담긴 둥근 유리컵은 옆으로 된 볼록렌즈와 같은 역할을 해요. 그러니 거꾸로 된 모습도 옆으로 나타나겠지요? 그래서 그림이 유리컵을 지나기 전과 후의 물고기 방향이 바뀌어 보이는 것이랍니다.

물고기 그림은 유리컵의 가로 폭에 맞는 크기로 그려요.

유리컵은 둥근 것으로 준비하세요.

1 종이에 색연필로 물고기 그림을 그립니다.

2 물을 가득 담은 유리컵 뒤로 물고기 그림을 천천히 통과시킵니다.

유리컵 앞쪽에서 봐야 방향이 바뀐 것을 볼 수 있어요.

3 유리컵 가운데에 물고기 그림이 오면 물고기 방향이 바뀝니다.

4 유리컵을 통과하고 나오면 물고기는 다시 원래 방향으로 돌아옵니다.

 궁금해요

보석처럼 반짝반짝 빛나는 별빛

시골 밤하늘의 별을 본 적이 있나요? 성능 좋은 망원경으로 봐도 너무 멀리 있는 별들은 점으로만 보이고 반짝반짝 빛이 나지요. 반짝거리는 것처럼 보이는 이유는 별빛이 지구의 공기층을 지날 때 공기가 움직이기 때문이랍니다. 빛이 공기 때문에 흔들리면서 별빛이 밝아졌다 어두워졌다하며 반짝반짝 빛나는 것처럼 보이는 것이지요. 마치 물 밖에서 강바닥을 들여다보면 돌의 모양이 흔들려 보이는 것과 같아요. 그래서 공기가 없는 우주에 가야 별을 정확하게 볼 수 있답니다.

검은색 그림자는 지겨워!

형형색색 컬러 그림자 만들기

검은색이 아닌 예쁜 색깔
그림자를 만들어 봐요.

◀ 준비됐나요? 손전등 3개, 고무밴드 3개, 빨간색 셀로판지, 초록색 셀로판지, 파란색 셀로판지

놀이 속 숨겨진 과학

그림자가 생기는 이유는 직진하는 빛을 물체가 막기 때문인데요. 빛이 물체를 만나면 더 이상 직진하지 못해 그림자가 생기는 것이지요. 그럼 색깔 그림자는 어떻게 만들어질까요? 한 가지 색의 전구를 켰을 때 그림자 색깔은 검은색이 되지만, 빨간색과 초록색 전구를 동시에 켰을 때는 색깔 그림자가 생깁니다. 빨간색이 물체에 가려 통과하지 못하는 곳에는 초록색 빛만 통과하여 초록색이 나타나고, 초록색이 통과하지 못하는 곳에는 빨간색 빛만 통과하여 빨간색이 나타나기 때문이죠. 두 전구의 색깔이 겹치는 곳은 합성된 색이 보여요. 그래서 빨간색 빛과 초록색 빛이 동시에 비춰지는 곳은 노란색 그림자가 생기는 것이랍니다.

1 손전등에 빨간색 셀로판지를 대고
고무밴드로 씌웁니다.

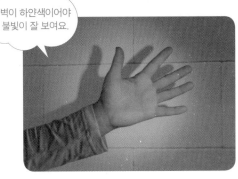

벽이 하얀색이어야
불빛이 잘 보여요.

2 빨간색 불빛을 흰 벽에 비추고 손 그림자를
만들어 보면 검은색 그림자가 생깁니다.

3 손전등에 초록색 셀로판지를 대고
고무밴드로 씌웁니다.

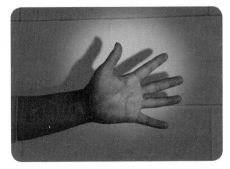

4 초록색 불빛을 흰 벽에 비추고 손으로
그림자를 만들어 보면 그림자는
까만색입니다.

손전등의 각도를 각각
다르게 해야 색깔
그림자가 생겨요.

5 빨간색과 초록색 불빛을 겹쳐서 벽에
비춘 뒤 손으로 그림자를 만들어 보면
그림자에 색깔이 생겨요.

6 파란색 불빛도 겹쳐서 비추면 더 많은
색깔의 그림자가 생깁니다.

구멍이 뻥 뚫린 내 손바닥

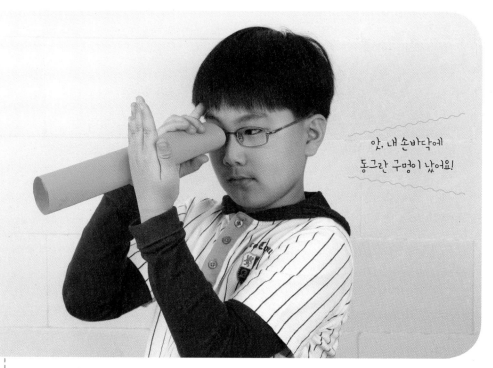

앗, 내 손바닥에
동그란 구멍이 났어요!

◀✂ **준비됐나요?** 종이(또는 휴지심), 테이프

놀이 속 숨겨진 과학

우리의 눈은 나란히 붙어 있어도 오른쪽 눈과 왼쪽 눈이 서로 다른 것을 봅니다. 양쪽 눈이 본 것을 뇌가 하나로 합쳐 사물을 보게 되는 것이지요. 뇌는 양쪽 눈이 바라보는 장면의 차이로 거리를 측정하는데요. 손바닥에 구멍이 뚫린 것처럼 보이는 것은, 왼쪽 눈으로 본 왼손과 오른쪽 눈으로 원통 구멍을 통해 바라본 모습이 겹쳐 하나로 합쳐질 때 뇌가 혼란스러워해서 생기는 **착시 현상**입니다.

1 종이를 둘둘 말아 테이프를 붙이고 원통을 만듭니다.

2 오른손으로 원통을 잡고 오른쪽 눈으로 들여다보면서 왼쪽 눈을 살짝 감습니다.

3 왼쪽 손을 펴서 원통 옆에 바짝 갖다대고 왼쪽 눈을 뜹니다.

4 왼손바닥에 동그란 구멍이 난 것처럼 보입니다.

🧪 미니 실험실

손가락 소시지 만들기

❶ 눈에서 약 3cm 앞에 양쪽의 집게손가락을 마주대고 시선을 먼 곳에 둡니다.

❷ 손가락 사이에 소시지가 보입니다.

시선을 멀리하고 손가락 너머를 바라보면 양쪽 눈이 두 손가락을 동시에 보게 됩니다. 이때 오른쪽 눈과 왼쪽 눈이 바라본 상이 하나로 겹쳐져 두 집게손가락 사이에 줄줄이 소시지 모양을 한 제3의 손가락이 보이게 돼요.

새장 속에 쏙~ 들어가는 새

새장 밖에 있던 새가
새장 안으로 쏙~ 들어가네요.

◀〈 **준비됐나요?** 두꺼운 종이, 색연필, 나무젓가락, 테이프

놀이 속 숨겨진 과학

모든 물체는 사람의 눈을 통해 뇌에 전달되는데 뇌가 사물을 알아차리는 데 걸리는 시간은 약 0.03초입니다. 그런데 0.03초보다 더 짧은 시간에 그림을 바꿔 주면 마치 움직이는 것처럼 보이게 되지요. 이런 현상을 잔상 효과라고 합니다. 나무젓가락을 손으로 빠르게 돌려 주면 잔상 효과로 인해 새가 새장 안으로 들어가 있는 것처럼 보이는 거예요.

새와 새장 그림은 같은 크기의 종이에 그리되, 새는 조금 작게 그리세요.

1 두꺼운 종이에 새를 그립니다.

2 새장은 새보다 조금 크게 그립니다.

3 나무젓가락을 새장 그림 뒷면의 가운데에 테이프로 붙이고 그 위에 새 그림을 붙입니다.

손바닥을 비벼 빠르게 돌려야 보여요.

4 나무젓가락을 손바닥 사이에 넣고 빠르게 돌리면 새가 새장 안으로 들어간 모습이 보입니다.

 궁금해요

눈에 보이는 게 전부는 아니야

시각에 의해 생기는 착각을 착시라고 해요. 우리는 어떤 대상물의 크기를 판단할 때 대상물의 주위 배경과 비교해서 보게 됩니다. 가령 서로 다른 거리에 있는 두 대상물의 크기를 비교할 때 대상물을 직접 비교하는 것이 아니라, 두 대상물의 주위 배경과 비교해서 판단하지요. 그림에서 a와 b 두 가로 직선의 길이가 같아 보이나요? 원 a와 b의 크기는 같아 보이나요? 달라 보이나요?

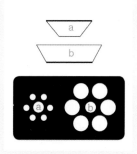

웃고 우는 세종대왕님

항상 똑같은 표정을 짓던 세종대왕님이
웃기도 하고 울기도 하네요.

◀〈 **준비됐나요?** 만 원짜리 지폐

놀이 속 숨겨진 과학

지폐는 평면이기 때문에 어느 쪽에서 봐도 지폐 속 인물의 표정은 똑같이 보입니다.
그런데 지폐를 몇 번 접으면 올록볼록 입체감이 생겨나 보는 각도에 따라 접은 선이
다르게 보이게 되죠. 입술 양끝이 부드럽게 올라가 웃는 것처럼 보이기도 하고, 입술
이 아래로 내려가 우는 것처럼 보이기도 합니다. 이 역시 우리 눈의 **착시 현상** 때문이
랍니다.

만 원짜리 대신 천 원이나 오천 원짜리 지폐도 가능해요.

1 만 원짜리 지폐를 놓고 세종대왕의 왼쪽 눈을 중심으로 반으로 접습니다.

눈의 가운데를 접은 다음 완전히 펴지 말고 접은 부분의 각을 살려주세요.

2 오른쪽 눈도 가운데를 반으로 접습니다.

3 가운데 코를 중심으로 안쪽으로 접습니다.

내려다보면 우는 표정이 보이고, 올려다보면 웃는 표정이 보여요.

4 지폐를 아래로 내려다보고, 위로 올려다보면 세종대왕의 표정이 바뀝니다.

 궁금해요

제주도의 도깨비 도로

제주도에 가면 이름도 재미있는 도깨비 도로가 있답니다. 실제로는 경사도가 낮은 곳이지만 시각적으로 높아 보이기 때문에 오르막길처럼 보이죠. 그래서 음료수 캔을 바닥에 두거나 시동이 꺼진 자동차를 세워두면 오르막길로 저절로 오르는 것처럼 보이지만, 사실은 내리막길로 내려가고 있는 것이랍니다. 이렇게 내리막길이 오르막길로 보이는 것은 도로 주변의 나무들이 배경과 어우러져 눈을 착각하게 만드는 착시 현상 때문이랍니다.

들쭉날쭉 길이가 변하는 종이

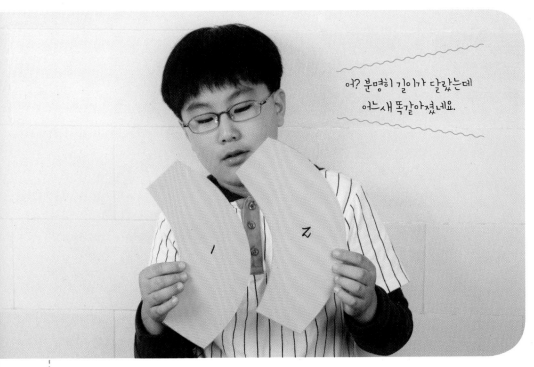

어? 분명히 길이가 달랐는데 어느새 똑같아졌네요.

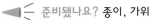

준비됐나요? 종이, 가위

놀이 속 숨겨진 과학

어떤 물체의 크기, 모양, 방향, 길이 등이 사실과 다르게 보이는 것을 **착시 현상**이라고 하는데 착시 현상은 우리 생활 곳곳에서 경험할 수 있어요. 이번 놀이처럼 두 선의 모양과 길이에 따라, 놓는 위치에 따라 실제와 다르게 보이는 경우가 많답니다. 그러니 눈에 보이는 것이라고 모두 그대로 믿어서는 안 되겠죠? 가끔은 우리 눈도 실수를 하니까요.

종이에 그림을
그려서 비교하면
더 재미있답니다.

1 종이를 잘라 2개의 초승달 모양을 만들되,
하나는 조금 더 길게 잘라줍니다.

2 조금 길게 자른 종이를 아래쪽에 놓으면
어느 것이 더 길어 보이나요?

분명 달랐는데
같은 길이처럼
보여요.

고양이 길이가
위치에 따라 다르게
보여요.

3 조금 짧게 자른 종이를 아래쪽에 놓으면
어느 것이 더 길어 보이나요?

 궁금해요

시력이 다시 좋아질 수 있을까?

주변에 안경을 쓴 친구들이 많을 거예요. 요즘에는 라식이나 라섹 같이 시력이 좋아지게 만드는
수술도 많이들 하죠. 그런데 이런 수술 말고 시력이 좋아지게 할 수 있는 방법은 없을까요? 생활
습관을 조금만 바꾸고 눈 운동을 열심히 하면 시력이 다시 좋아질 수 있답니다. 컴퓨터를 50분
했으면 10분 정도는 쉬어 주고, 공부할 때 조명이 밝은 곳에서 바른 자세로 하는 건 기본이지요.
또한 눈동자를 굴려 원 운동을 자주 하는 것도 시력을 좋아지게 하는 방법 중 하나랍니다.

헤어졌던 친구들이 다시 만나요

친구가 보고 싶어 곰이 울고 있어요.
두 친구가 만나게 도와줄까요?

◀≡ **준비됐나요?** 빨대, 테이프, 종이, 골판지(또는 박스), 색연필, 쇠젓가락

놀이 속 숨겨진 과학

우리 눈이 어떤 사물을 보고 그 모습을 뇌에 전달하는 데에는 시간이 조금 걸린답니다. 그래서 눈앞에서 사물이 사라져도 뇌에는 아직 그 사물의 잔상이 남아 있게 되죠. 분명 눈앞에서 사물이 사라졌는데도 그 사물이 눈앞에 있는 것처럼 느껴지는 현상을 **잔상 효과**라고 합니다. 아기 곰 그림판을 빠르게 돌리면 반대편 쪽의 곰이 보였다가 사라져도 여전히 그대로 있는 듯 잔상이 남아 마치 두 마리 곰이 함께 있는 것처럼 보입니다. 영화나 텔레비전, 만화도 이런 잔상 효과를 이용한 것이랍니다.

곰 아닌 다른 그림도 괜찮아요. 단, 오른쪽 왼쪽 서로 다른 쪽에 위치하게 그려야 해요.

1 종이에 원을 2개 그리고 한 원에는 웃고 있는 곰을, 다른 원에는 울고 있는 곰을 그립니다.

2 골판지를 원의 크기대로 오린 다음 뒷면 가운데에 빨대를 잘라 테이프로 붙입니다.

바람을 불 때 잘 돌아갈 수 있게 끼우세요.

3 빨대 구멍에 쇠젓가락을 끼워 넣습니다.

4 그림을 골판지 앞뒤에 붙이고 원의 아래쪽을 향해 입으로 바람을 불면 곰 두 마리가 함께 보입니다.

 궁금해요

짱구는 어떻게 움직일까?

애니메이션이 움직이는 원리는 잔상 효과를 이용한 것입니다. 사람의 뇌는 자신이 본 것을 잠깐 동안 기억해요. 그래서 우리 눈에 상이 비치면 바로 사라지지 않고 아주 짧은 시간 잔상으로 남아 있게 됩니다. 앞서 본 그림을 기억하는 동안에 다른 그림을 보여주고, 또 그 이미지를 기억하고 있는 동안 다른 이미지를 보여주는 일을 계속해서 반복하게 되면 마치 눈앞의 사물이 움직이는 것처럼 보이게 된답니다. 애니메이션 속 짱구도 수많은 그림을 연속적으로 빠르게 보여주어 마치 살아 움직이는 것처럼 보이는 것이랍니다.

재미있는 입체 안경 만들기

입체 안경을 쓰니, 꼭 그림이 앞으로 튀어나오는 것 같아요.

◀◀ **준비됐나요?** 빨간색 셀로판지, 파란색 셀로판지, 두꺼운 종이, 펜, 테이프, 칼, 가위

놀이 속 숨겨진 과학

파란색 셀로판지는 파란색 빛만, 빨간색 셀로판지는 빨간색 빛만 통과시켜요. 그래서 파란색 셀로판지로 빨간색 그림을 보거나 빨간색 셀로판지로 파란색 그림을 보면 까맣게 보이지요. 파란색과 빨간색으로 그린 그림을 입체 안경으로 보면 왼쪽 눈에 들어오는 그림과 오른쪽 눈에 들어오는 그림이 다르게 보입니다. 그 이유는 눈과 눈 사이가 3~4cm 떨어져 있기 때문인데요. 그래서 오른쪽 눈과 왼쪽 눈에 보이는 영상이 달라져 입체적으로 보이는 거랍니다.

오페라 안경처럼 손으로 들고 보는 안경이에요.

1 두꺼운 종이에 안경 틀을 그리고 가위로 오립니다.

셀로판지를 편평하게 붙이세요.

2 안경알 부분에 각각 빨간색과 파란색 셀로판지를 붙입니다.

3 완성된 안경을 쓰고 그림을 보면 그림이 입체적으로 보입니다.

만든 안경을 쓰고 위의 두 사진을 보세요. 그림이 입체로 보이나요?

32

페트병을 통과하는
수리수리 동전 마술

페트병 밖에 있던 동전이
페트병 안으로 들어갔어요.

◀〓 **준비됐나요?** 100원짜리 동전 2개, 작은 페트병, 물

놀이 속 숨겨진 과학

페트병 속에 들어 있는 동전이 우리 눈에 잘 보이지 않는 이유는 무엇일까요? 빈 페트병일 때는 보이다가 물을 채우면 안에 뭐가 있는지 잘 보이지 않는 것은 물에 의해 빛이 굴절되기 때문입니다. 굴절이란 휘어져서 꺾이는 것을 말해요. 물이 담긴 페트병 안쪽으로 굴절이 일어나 우리 눈에 빛이 들어오지 않기 때문에 마치 동전이 없는 것처럼 보이는 거예요. 밖에서 문지르던 동전이 사라지는 것처럼 보이는 것도 바로 이 굴절 현상 때문이에요.

1 빈 페트병에 100원짜리 동전을 넣습니다.

2 페트병 아래쪽의 옆면에 동전이 위치하도록 페트병을 비스듬히 움직여 줍니다.

동전이 안보이도록 이리저리 페트병을 움직여보세요.

3 물을 가득 넣고 각도를 조절하여 동전이 보이지 않음을 보여줍니다.

밖에서 문지른 동전은 방향을 다르게 하면 보이지 않습니다.

페트병을 흔들어 동전을 보이는 위치로 밀어내세요.

4 준비한 다른 100원짜리 동전으로 밖에서 문지르면서 '동전아 들어가라' 하고 외치면서 다시 보이게 합니다.

 궁금해요

정육점의 불빛이 붉은색인 이유

고기가 우리 눈에 붉은색으로 보이는 것은 다른 색은 흡수하고 붉은색만 반사하기 때문입니다. 붉은색 조명을 비추면 붉은색이 더 붉게 보이니까 정육점의 고기가 더 싱싱해 보이는 거예요. 그럼 초록색 잎에 초록색 빛을 비추면 어떻게 될까요? 초록색 잎은 초록색 빛을 반사하기 때문에 흡수할 빛이 없지요. 그래서 식물이 말라서 빨리 죽고 말아요.

33

보고도 믿을 수 없다!

눈앞에서 사라지는 그림

그림판을 잡고 돌리면 안에 있던
그림이 서서히 사라져요.

◀〓 **준비됐나요?** 두꺼운 종이, 테이프, 편광 필름, 사진(또는 그림), 가위, 칼

놀이 속 숨겨진 과학

편광 필름 하나로만 그림을 보면 아주 잘 보입니다. 그러나 편광 필름과 편광 필름 사이에 그림을 넣고 천천히 돌리면 그림이 점점 보이지 않게 되는데요. 그 이유는 편광 필름끼리 서로 수직으로 있을 때 빛이 통과하지 못하기 때문입니다. 편광 필름은 한 방향으로 가는 빛만 통과시키고 나머지 빛은 반사되므로 첫 번째 필름에서 빛이 통과했다 하더라도 다음 필름에서 빛이 막혀 그림이 보이지 않는 거예요.

편광 필름을 돌릴 때 면과 면이 마찰하지 않도록 매끄럽게 만들어요.

편광 필름은 과학교구사에서 구입할 수 있어요.

1 도넛 모양으로 안을 오려낸 둥근 판 3장과 안을 오려내지 않은 둥근 판 1장을 준비합니다.

2 둥근 판의 크기와 똑같이 편광 필름을 2장 자릅니다.

편광 필름에 흠집이 나지 않게 주의하세요.

3 안을 오려낸 판에 편광 필름을 붙이고 그 위에 안을 오려낸 다른 판을 겹쳐 붙입니다.

4 안을 오려내지 않은 판에 사진을 붙입니다.

5 사진을 붙인 판 위에 편광 필름을 붙이고 그 위에 안을 오려낸 나머지 판을 겹쳐 붙입니다.

6 사진이 들어간 5번 판 위에 3번 판을 올려놓고 천천히 돌리면 사진이 서서히 사라집니다.

신비의 오색 빛깔 물

종이컵을 돌리면 물에서
예쁜 색이 만들어져요.

◀┇⟨ **준비됐나요?** 종이컵 2개, 칼, 설탕물, 투명한 비닐봉지, 테이프, 편광 필름

놀이 속 숨겨진 과학

빛은 사방으로 진동하면서 오는데, 편광필름은 한 방향으로 진동하는 빛만 통과시켜요. 그래서 2장의 편광필름을 겹친 후, 각도를 다르게 하면 빛이 통과해서 필름 뒤의 모습이 보였다, 보이지 않았다 하는 거에요. 이제 설탕물이 든 비닐봉지를 편광 필름 사이에 끼워 놓아 보세요. 필름의 각도를 다르게 하면 숨어있던 색색의 빛이 나타난 답니다. 컴퓨터 모니터나 컬러 TV도 이런 원리로 색을 만들어내는데 물 대신 액정이 라는 물질로 색을 보이게 하는 것이에요.

1 준비한 2개의 종이컵 바닥에 각각 칼로 네모나게 구멍을 냅니다.

편광 필름은 과학교구사에서 구입할 수 있어요.

2 잘라낸 2개의 종이컵 바닥 부분에 맞게 각각 편광 필름을 잘라 테이프로 붙입니다.

비닐봉지를 넣었다 뺐다 하기 좋게 구멍을 적당히 냅니다.

3 종이컵 1개는 아래쪽 옆면에 가로 세로 10×2cm 정도로 길게 구멍을 냅니다.

4 비닐봉지에 설탕물을 담고 입구를 꼭 묶어 줍니다.

5 비닐봉지를 3번의 종이컵 구멍에 넣고 나머지 종이컵을 겹쳐 끼웁니다.

컵이 겹쳐지는 깊이, 즉 편광 필름 사이의 물 높이를 바꿔 가면서 색을 관찰해요.

6 겹쳐 끼운 컵을 돌리면 물의 색이 변합니다.

이에도 귀가 달렸어요

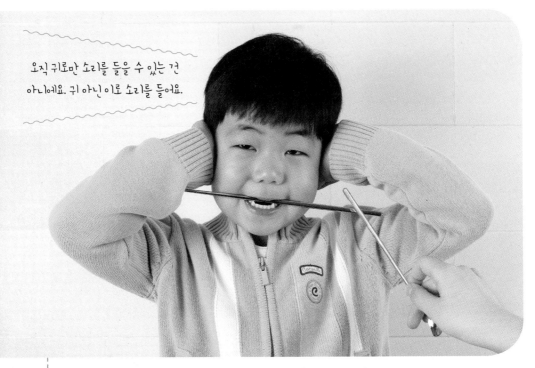

오직 귀로만 소리를 들을 수 있는 건 아니에요. 귀 아닌 이로 소리를 들어요.

◀〔 준비됐나요? **쇠젓가락, 찻숟가락**

놀이 속 숨겨진 과학

양쪽 귀를 막고 이를 부딪쳐 보세요. 귀를 막았는데도 탁탁 소리가 들리죠? 소리는 단순히 귀를 통해서만 듣는 것이 아니라 머리 속 뼈의 진동으로도 들을 수 있기 때문이지요. 찻숟가락이나 쇠젓가락의 울림도 귀가 아닌 이를 통한 뼈의 진동으로 들리는 거랍니다. 자신의 목소리도 부분적으로는 뼈를 통해 듣게 되는데, 카세트테이프에 녹음된 목소리가 평소 내 목소리와 다르게 들리는 것도 바로 뼈를 통하지 않고 공기를 통해서만 들리기 때문이에요.

1 찻숟가락 손잡이 부분을 입에 뭅니다.

2 손으로 두 귀를 막고 쇠젓가락으로 찻숟가락을 쳐보면 둔탁하고 높은 소리가 들립니다.

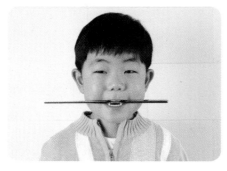

3 이번에는 쇠젓가락을 가로로 물어봅니다.

4 두 귀를 막은 뒤 찻숟가락으로 쇠젓가락을 쳐보면 낮지만 맑은 소리가 들립니다.

 **궁금해요**

뼈로 듣는다! 골도 전화기

골도 전화기? 처음 듣는 친구들도 많을 거예요. 골도 전화기는 고막에 문제가 있는 사람들을 위해 개발된 전화기랍니다. 일반 전화기는 전기적 신호를 소리 신호로 바꾸어 귀로 듣는데 반해, 골도 전화기는 고막이 아닌 귓바퀴 주변의 뼈를 진동시켜 소리를 들을 수 있게 해준답니다. 그래서 고막에 이상이 있어도 달팽이관과 청각신경만 정상이라면 소리를 들을 수 있는 거예요.

삑삑~ 빨대 피리 불기

빨대에 비닐을 붙이고 불면
삑삑 피리 소리가 나요.

◀⟨ **준비됐나요?** 빨대, 가위, 사인펜, 투명 필름, 테이프

놀이 속 숨겨진 과학

소리는 공기가 진동을 해서 나는 것이죠. 그래서 빨대에 공기를 불어넣으면, 빨대 안에 있던 공기와 끝에 붙였던 필름이 떨리면서 소리가 나는 거랍니다. 또 가위로 빨대를 조금씩 자르면서 소리를 내면 소리가 점점 높아져요. 진동하는 빨대의 길이가 길면 낮은 소리가 나고, 진동하는 빨대의 길이가 짧으면 높은 소리가 납니다.

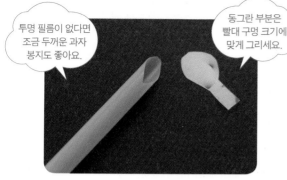

투명 필름이 없다면 조금 두꺼운 과자 봉지도 좋아요.

동그란 부분은 빨대 구멍 크기에 맞게 그리세요.

입으로 바람을 불 때 필름이 떨릴 수 있도록 붙이세요.

1 빨대는 비스듬하게 자르고, 투명 필름은 그림과 같은 모양으로 자릅니다.

2 필름의 둥근 부분은 빨대 구멍과 45도 각도가 되게 살짝 접고, 네모 부분은 빨대 끝에 테이프로 붙입니다.

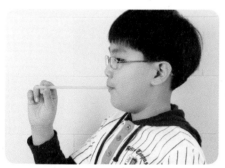

3 필름을 붙인 부분을 입에 물고 불면 삑삑 소리가 납니다.

4 가위로 빨대를 조금씩 자르면서 불면 소리가 점점 높아집니다.

 궁금해요

우주에서 소리를 들을 수 있을까요?

소리는 공기의 진동에 의해 전달되는데 우주에는 공기가 없기 때문에 진동을 전달할 물질이 존재하지 않아요. 만화나 영화를 보면 우주선이 지나가는 소리, 우주선끼리 부딪히는 소리들 이 나오는데, 실제 우주에서는 들을 수 없는 소리랍니다. 하지만 우주인끼리 헬멧을 맞대고 있 으면 소리를 들을 수 있다고 하네요.

아기오리가 꽥꽥 울어요

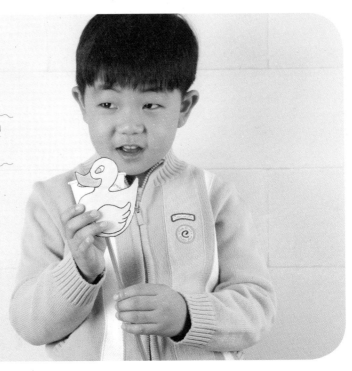

꽥꽥! 꽥꽥! 빨대를 문지르면
아기오리가 소리를 내요.

◀◀ **준비됐나요?** 오리 그림, 종이컵, 옷핀, 빨대, 송곳

놀이 속 숨겨진 과학

빨대를 손으로 훑어 내리면 '꽥꽥' 하고 오리가 우는 것 같은 소리가 납니다. 이 소리의 정체는 무엇일까요? 바로 손이 빨대를 훑어 내릴 때 생기는 **마찰**에 의해 종이컵 바닥이 떨리면서 나는 소리랍니다. 이 소리가 종이컵 안에서 울리면서 큰소리로 바뀌어 마치 꽥꽥 오리 울음소리처럼 들리는 거예요.

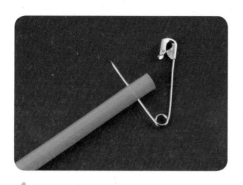

1 빨대 끝 부분에 옷핀을 꽂습니다.

종이컵 구멍은 빨대보다 조금 크게 뚫으세요.

2 종이컵 바닥 가운데에 송곳으로 구멍을 뚫습니다.

3 뚫은 구멍에 빨대를 넣고 종이컵 속에 옷핀이 걸리도록 합니다.

빨대를 위에서 아래로 훑어 내리세요.

손에 물기가 있어야 소리가 잘 나요.

4 종이컵에 오리 그림을 붙이고, 물을 약간 묻힌 손으로 빨대를 문지르면 오리 소리가 납니다.

 궁금해요

선풍기 앞에서는 왜 목소리가 떨릴까?

여름철의 필수품 선풍기! 시원한 선풍기 바람 앞에서 "아~"하고 소리를 내면 목소리가 울려서 이상하게 들리죠. 왜 선풍기 앞에서는 목소리가 덜덜 떨리고 이상하게 들리는 걸까요? 소리는 공기가 진동하면서 나는데, 몇 번 진동을 하느냐에 따라 소리의 음높이가 다르게 변합니다. 그런데 선풍기 앞에서 말할 때는 바람과 선풍기 날개에 소리가 반사되어 되밀려 나오면서 목소리가 떨리고 음도 다르게 들리는 것이랍니다.

음료수병 실로폰으로 연주해요

음료수 병으로 아름다운
음악을 연주해요.

◀《 준비됐나요? **음료수병 여러 개, 물, 쇠젓가락**

놀이 속 숨겨진 과학

소리는 공기의 진동, 즉 공기가 떨리면서 나는 것이에요. 쇠 젓가락으로 유리컵을 치면 유리컵 표면에서 공기의 진동이 일어나요. 바로 그 공기의 진동에 의해 소리가 난답니다. 물의 높낮이에 따라 진동하는 정도가 달라져서 소리의 높이가 달라져요. 유리병을 칠 때 물의 높이가 높을수록 진동수가 적어 낮은 소리가 나고, 물의 높이가 낮을수록 높은 소리가 납니다.

물감을 섞어 예쁜 색을 만들어요.

1 음료수병에 물을 담고 쇠젓가락으로 병 입구를 두드려 봅니다.

음료수병은 같은 모양과 같은 크기로 준비하세요.

2 여러 개의 병을 준비해 물의 양을 다르게 한 다음, 젓가락으로 두드려보면 모두 다른 소리가 납니다.

3 병마다 나는 소리를 잘 듣고 소리에 계이름을 붙여 연주를 해봅니다.

 궁금해요

유리컵을 문질러 연주하는 글라스하프

젓가락으로 두드리는 것 말고도, 물을 조금 묻힌 손가락으로 유리잔을 문질러서 연주하는 방법이 있어요. 일명 글라스하프(유리잔 연주)라고 하는데, 유리잔의 크기와 두께에 따라 각기 다른음을 냅니다. 청아하고 깊은 음률이 매력적인 글라스하프는 전문 연주가가 따로 있을 정도로다양한 음악을 연주할 수 있어요.

검은색과 흰색만 있는 팽이의 변신

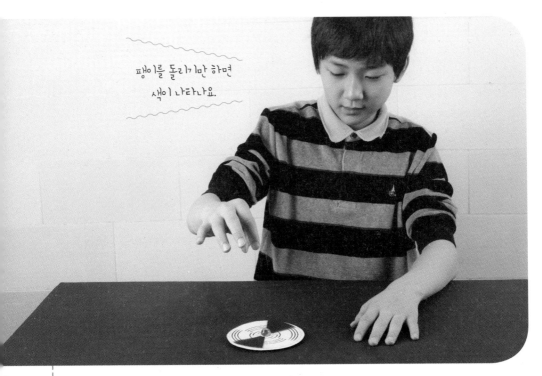

팽이를 돌리기만 하면
색이 나타나요.

◀◀ 준비됐나요? 안 쓰는 CD, 종이, 글루건, 유리구슬

놀이 속 숨겨진 과학

흰색은 모든 색이 반사되는 것이고, 검은색은 모든 색을 흡수하는 것입니다. 흰색과 검은색이 겹쳐진 그림 자료를 붙인 CD를 돌리면 흰색에서 반사한 색과 검은색에서 나오는 색이 합쳐져서 색이 나타납니다.

1 안 쓰는 CD와 유리구슬을 준비합니다.

CD 가운데에 구슬을 놓고 글루건으로 위쪽을 붙여봅니다.

2 글루건을 이용하여 CD에 유리구슬을 붙입니다.

팽이를 돌릴 때 위에서 보면 색이 나타나는 것을 확인해요.

3 검은색과 흰색을 겹쳐서 그린 그림 자료를 CD에 붙입니다.

선을 그린 종이를 붙이면 두 원의 그림이 나타나고 입체감이 나타나요.

4 이번에는 선을 그린 종이를 붙여 팽이를 돌려봅니다.

미니 실험실

준비물 : 검은색 싸인펜, A4용지, CD, 구슬

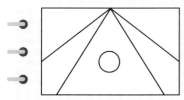

팽이 위에 붙이는 그림 자료로 선만 그린 그림으로 하면 어떻게 될까요? 선을 그린 도안을 돌리게 되면 원이 두 개가 보여요. 잔상으로 보이는 선이 원으로 나타나지요. CD의 돌아가는 속도는 바깥쪽으로 갈수록 빨라집니다. 반면 안쪽 선은 속도가 느려 잔상이 많이 남아 진하게 보이고요. 색의 진하기가 달라지게 되면 입체적으로 보입니다.

풍선으로 만드는 대포소리

내가 분 바람을 모아서
큰 소리로 바꾸어요.

◀€€ **준비됐나요?** 작은 페트병, 고무풍선, 빨대, 칼, 가위, 테이프

놀이 속 숨겨진 과학

빨대를 통해 풍선 안에 공기를 불어 넣으면 페트병 아래에 있는 고무풍선을 진동하게
해요. 고무풍선의 진동에 따라 아주 큰 소리가 나지요. 고무는 탄성력이 큰 물질이라
공기가 한꺼번에 진동하게 되면 그 진동이 크답니다. 소리는 공기의 진동에 의해 생
기지요. 빨대를 통해 들어간 공기는 모아져서 페트병을 둘러싸고 있는 고무풍선을 진
동하게 합니다. 그 진동이 페트병 안으로 전해져 소리가 나게 됩니다. 페트병을 약간
흔들면 진동이 더 잘되어 재미있는 소리가 납니다.

페트병 쪽의 풍선을 평편하게 해야 공기가 잘 진동해요.

자른 부분이 날카롭지 않게 테이프로 붙여주세요.

1 페트병의 넓은 쪽을 칼로 자릅니다.

2 풍선의 넓은 쪽을 잘라 페트병의 입구에 붙입니다.

3 풍선의 주둥이 부분은 빨대 쪽에 붙여 공기가 새지 않도록 테이프로 붙입니다.

공기가 새지 않도록 해야 합니다.

4 빨대 쪽으로 바람을 불어주어 페트병 쪽 풍선이 진동하게 합니다.

🧪 미니 실험실

준비물 : 실험용 장갑, 빨대, 비닐 관

장갑 부부젤라 만들기

❶ 손가락 하나를 잘라 빨대와 연결하여 공기가 새지 않도록 테이프로 붙여주세요.

❷ 실험용 장갑의 손이 들어가는 구멍에 빨대보다 굵기가 굵은 비닐 관을 연결해요.

❸ 고무장갑이 큰 관에 밀착되도록 하면서 빨대를 불어봅니다.

실험용 장갑 같은 얇은 고무장갑으로 만들면 재미있는 악기를 만들 수 있어요. 공기의 진동이 고무장갑을 흔들게 되면 소리가 나지요. 손가락이 하나씩 하나씩 펴지면서 나는 소리가 아주 재미있어요.

와글와글, 소리가 크게 들려요

풍선으로 만드는 소리 렌즈로
소리를 들어보세요.

◀〓〓 **준비됐나요?** 여러 가지 풍선, 드라이아이스, 물, 라디오 스피커

놀이 속 숨겨진 과학

이산화탄소나 물이 들어 있는 풍선에서는 왜 소리가 크게 들릴까요? 왜 특정한 곳에 서만 소리가 크게 들리고 멀어지면 오히려 소리가 작아질까요? 안경에 있는 렌즈로 빛을 모으는 것처럼 소리도 모을 수 있을까요? 소리를 들을 수 있는 것은 고막을 만 들고 있는 얇은 막이 음파에 따라 진동하기 때문입니다. 드라이아이스 기체(이산화 탄소)나 물을 풍선에 채우면 분자 사이의 거리가 가까워지고 분자가 빽빽해져요. 그 러므로 공기의 진동이 풍선을 지나면서 굴절이 되어 소리가 모이는 점이 생기게 되지 요. 고무풍선을 손으로 만지면 빠드득거리고 두드려도 매우 크게 북소리가 납니다.

드라이아이스를 구할 수 있을 때는 드라이아이스 조각을 넣어 만드는 것이 더 좋아요.

1 풍선에 물을 넣어 물 풍선을 만들어요.

풍선의 물이 진동하는 소리가 크게 들리지요?

2 풍선에 귀를 대고 고무풍선을 두드리거나 문질러봅니다.

소리가 모아질 수 있도록 풍선의 중심 부분을 위치하도록 합니다.

3 풍선의 중심으로부터 50cm 떨어진 곳에 스피커를 설치합니다.

4 소리가 모아져 크게 들리는 곳에 귀를 가까이 했다 멀리 했다 하면서 소리를 들어봐요.

🧪 미니 실험실

종이컵 안에 들리는 종소리

준비물 : 종이컵, 클립, 옷걸이, 실, 송곳, 테이프

❶ 컵 바닥에 구멍을 뚫어 실을 넣고 실이 빠지지 않도록 끝에 클립을 연결해요.

❷ 실의 다른 끝을 옷걸이 끝에 묶은 후 종이컵을 귀에 대고 옷걸이를 의자에 부딪혀보세요.

소리는 공기의 진동에 의해서 들리는 것이지요. 그러나 공기가 아닌 다른 물질의 진동에 의해서도 소리를 들을 수 있어요. 인디언들이 땅에 귀를 대고 들으면 소리를 더 잘 들을 수 있다고 하는 것도 땅이 소리의 진동을 더 잘 전달하기 때문이지요. 철로 된 옷걸이가 부딪히면서 나는 소리를 컵으로 크게 해서 들어보세요. 종소리가 나요.

다 함께 신나는 과학 여행을 떠나요.

과학의 힘에도 여러 종류가 있답니다.

중력, 탄성력, 표면장력, 마찰력, 원심력, 자기력 등

다양한 힘들이 우리 주변 곳곳에서 작용하고 있지요.

이러한 힘을 이용해 종이컵 위에 올라서기도 하고

치약 보트를 만들어 친구들과 시합도 하고

풍선 바비큐도 만들면서 재미있게 놀아 봐요.

Part 3

신기한 과학의
힘으로 하는
재미있는 놀이

초강력 휴지 절구통

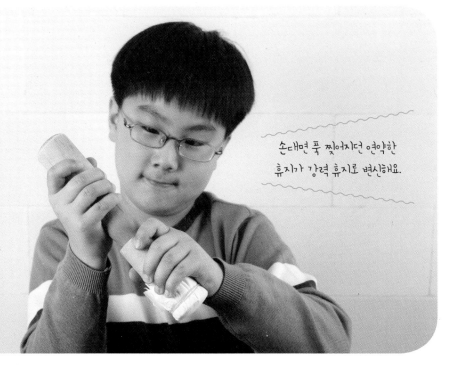

손대면 푹 찢어지던 연약한
휴지가 강력 휴지로 변신해요.

◀〓 **준비됐나요?** 휴지 1장, 휴지심, 고무밴드, 소금, 막대(또는 방망이)

놀이 속 숨겨진 과학

막대를 아무리 세게 밀어도 휴지가 찢어지지 않는 이유는 막대로 찌르는 힘이 휴지까지 직접 전달되지 않기 때문입니다. 소금 알갱이 사이사이에는 눈에 잘 보이지 않지만 아주 작은 공간들이 수없이 존재해요. 막대로 원통 안을 밀 때마다 소금 알갱이들은 서로 부딪히고, 막대를 미는 힘은 여러 방향으로 분산되어 전해집니다. 미는 힘의 일부분은 소금 알갱이에 흡수되고 나머지는 휴지심 안쪽 면에 골고루 퍼져, 미는 힘이 휴지까지 제대로 전달되지 않기 때문에 휴지가 찢어지지 않는 것이랍니다.

소금 대신 모래를
넣어도 좋아요.

1 휴지 1장을 펼쳐 휴지심 한쪽 구멍을 덮고 고무밴드로 묶어 고정시킵니다.

2 한쪽을 막은 휴지심 안에 8cm가량 차도록 소금을 넣습니다.

막대나 방망이는
끝이 편평한
것이 좋아요.

3 한 손으로 휴지심을 잡고 다른 손은 막대를 잡은 뒤 막대 끝으로 소금을 다집니다.

4 막대로 힘껏 밀어도 휴지는 찢어지지 않습니다.

 궁금해요

골프공은 왜 울퉁불퉁할까?

골프공을 보면 공 전체에 울퉁불퉁 홈이 패어져 있죠? 이렇게 움푹 들어간 홈들을 딤플이라고 부르는데 골프공 하나에 약 300~500개의 딤플이 있다고 해요. 가장 처음 나온 골프공은 홈이 없는 둥근 공이었대요. 그런데 언제부턴가 오래 사용하여 홈집이 많은 공일수록 더 멀리 날아 간다는 사실이 알려지면서 일부러 골프공에 홈을 새기게 되었고 그것이 딤플의 시작이랍니다. 실제로 딤플은 공이 날아갈 때 공기의 저항을 줄여 주어 더 멀리 날아갈 수 있게 해준답니다.

사람이 올라서도 끄떡없는

나는야 슈퍼 종이컵

앗! 종이컵 위에 사람이
올라섰는데도 찌그러지지 않네요.

두 발을 동시에 올려야
하니, 올라갈 때 옆에서
엄마가 잡아주세요.

◀◀◁ 준비됐나요? 종이컵 5개, 나무판자(또는 넓은 책)

놀이 속 숨겨진 과학

'백지장도 맞들면 낫다'라는 속담이 있죠? 힘을 합치면 더 큰 힘을 낼 수 있다는 뜻이 지요. 종이컵 역시 하나만 있을 때는 약해서 쉽게 구겨지지만, 여러 개가 모이면 사람 이 밟고 올라서도 끄떡없을 정도로 강해진답니다. 종이컵 하나하나가 전체 무게를 나 누어 가지므로 적은 힘으로도 사람을 받칠 수 있는 거예요. TV에서 보는 달걀 위를 걷 는 묘기도 바로 이런 원리를 이용한 것이랍니다.

종이컵
4개에도 한번
도전해보세요.

1 종이컵 5개를 대각선 모양으로 바닥에
놓습니다.

2 종이컵 위에 나무판자나 넓은 책을
올려놓습니다.

3 판자 위에 올라서도 종이컵이 하나도
찌그러지지 않습니다.

 궁금해요

철봉 속이 비어 있는 이유

놀이터에 있는 철봉 안을 들여다본 적이 있나요? 하나같이 속이 텅텅 비어 있을 거예요. 철봉은
사람들이 매달려서 운동하기 때문에 무엇보다 단단해야 하지 않을까요? 속을 꽉 채우면 더 단
단할 것 같은데 왜 속을 텅 비웠을까요? 그 이유는 바로 철봉에 작용한 힘을 분산시키기 위해서
랍니다. 철봉 속을 꽉 채울 경우 오히려 힘이 한곳에 쏠려 철봉이 휘어질 수 있대요. 철봉이 세
모나 네모가 아닌 원통형인 것도 힘이 골고루 분산되게 하기 위해서랍니다.

칼과 종이의 한판 대결

종이 속 칼로 오이를 잘라보세요.

◀ㅌ 준비됐나요? **칼, 당근(또는 오이), 종이**

놀이 속 숨겨진 과학

종이는 손으로도 쉽게 찢을 수 있지만, 사실 식물성 섬유가 단단히 엉겨 붙어 있어 물기 많은 당근보다 더 단단해요. 반으로 접은 종이 사이에 칼을 끼우고 당근을 자르면 어떻게 될까요? 종이는 그대로 있고 당근만 반 토막이 나는데요. 종이에 힘이 전달되기 전에 당근을 자르는 데 필요한 힘이 먼저 들어가기 때문입니다. 당근보다 단단한 감자나 오이로 해봐도 결과는 같아요.

칼은 항상 조심해서 다루세요.

1 종이를 반으로 접은 다음 그 사이에 칼을 넣습니다.

당근의 물기가 스며들어 종이가 찢어질 수도 있으니 빨리 자르세요.

당근 대신 다른 과일이나 채소를 써도 괜찮아요.

2 종이 속에 넣은 칼로 당근을 잘라봅니다.

3 당근을 자른 뒤 종이를 펼쳐 종이가 반으로 잘라지지 않았는지 봅니다.

 궁금해요

무거운 돌도 거뜬히! 정약용의 거중기

경기도 수원에는 세계 문화재로 지정된 화성이 있어요. 무거운 돌을 들어 올리는 기계가 없던 옛날에 그 돌들을 어떻게 날라 화성을 쌓을 수 있었을까요? 돌을 쉽게 옮기기 위해 정약용 선생이 발명한 것이 바로 거중기랍니다. 거중기는 위에 4개, 아래에 4개의 도르래를 연결하여 어마어마한 무게의 돌을 들 수 있게 만든 대단한 기계지요. 덕분에 무거운 돌도 거뜬하게 들어 올려 화성을 빨리 완성할 수 있었답니다.

▲거중기 원리를 이용해서 도르래로 만든 발명품

명령대로 움직이는 장난감

내려가라면 내려가고, 멈추라면 멈추는
말 잘 듣는 장난감을 만들어 볼까요?

◀〔〔 **준비됐나요?** 주름 빨대, 가위, 실, 알루미늄 호일

놀이 속 숨겨진 과학

마찰이란 운동을 방해하는 힘으로 물체가 움직이는 바닥 면의 성질과 관계가 있어요.
빨대를 V자 형으로 하면 실과 빨대 사이의 접촉 면이 생겨 마찰력이 작용합니다. 그
런데 실을 팽팽히 잡아당기면 마찰력이 크게 작용하여 멈추고, 약간 느슨하게 잡아당
기면 거친 면과 덜 만나기 때문에 마찰이 작아져 움직이게 됩니다.

1 주름 빨대를 구부려 그 길이만큼 빨대를 잘라 줍니다.

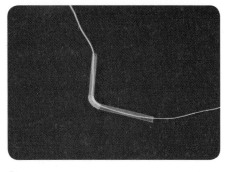

2 실을 길게 잘라 빨대에 끼웁니다.

3 호일 위에 V자 모양이 되도록 빨대를 올려놓습니다.

실이 알루미늄 호일에 걸리거나 엉켜 나오지 않도록 주의하세요.

4 V자 모양을 유지하면서 양쪽 빨대 구멍은 반쯤 나오게 하고 나머지는 호일로 감쌉니다.

5 실의 끝을 양손으로 비스듬하게 잡고 느슨하게 당기면 호일이 움직입니다.

호일로 감싼 부분에 그림을 붙이면 더 재미있어요.

6 실을 팽팽하게 당기면 호일이 멈춥니다.

떼어낼 수 없는 수건

친구 두 명이 양쪽에서 수건을 힘껏
잡아당겨도 도저히 떼어낼 수 없어요.

줄다리기 하듯
두 친구가 양쪽에서
힘껏 잡아당기세요

◀〈 준비됐나요? 크기가 같은 수건2장

놀이 속 숨겨진 과학

엄지와 중지로 누르고 있는 부분은 수건 2장을 겹쳐 놓은 주름의 양끝이지만, 실제로
는 주름이 잡혀 있어 전체 접촉 부분을 누르는 것과 같은 효과가 있어요. 그래서 마찰
력이 몇 배로 커지기 때문에 양쪽에서 아무리 세게 잡아당겨도 겹쳐 놓은 수건 2장이
떨어지지 않는 것입니다.

1 수건 2장을 10cm 정도 겹쳐 놓고 펼칩니다.

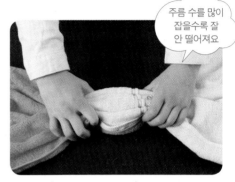

주름 수를 많이 잡을수록 잘 안 떨어져요

2 겹쳐진 부분을 아코디언처럼 주름을 잡습니다.

양쪽에서 아무리 잡아당겨도 수건을 떼어낼 수가 없어요.

3 한 사람은 한 손만으로 가운데 주름 부분을 잡고, 다른 두 사람은 수건의 양쪽 끝을 잡아당깁니다.

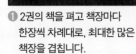 미니 실험실

준비물 : 크기가 같은 책 2권

서로 착 달라붙은 책

❶ 2권의 책을 펴고 책장마다 한장씩 차례대로, 최대한 많은 책장을 겹칩니다.

❷ 책의 마지막 장을 들어 보면, 책이 착 달라붙어 떨어지지 않습니다.

한 장씩 겹쳐진 책장이 달라붙어 서로의 움직임을 방해하는 방향으로 힘이 작용하기 때문에, 책의 마지막 장을 들어도 밑으로 떨어지지 않는답니다.

뾰족뾰족 고슴도치 비닐봉지

물을 넣은 봉지에 삐죽삐죽 고슴도치처럼
연필을 꽂아도 물이 새지 않아요.

◀ 준비됐나요? 비닐봉지, 물통, 물, 연필 5~6자루

놀이 속 숨겨진 과학

끝이 뾰족한 연필로 물이 담긴 봉지를 세게 찌르면 봉지에 연필이 들어가는 순간 열이 생깁니다. 그 열을 **마찰열**이라고 하는데 두 물체가 서로 부딪히면서 생기는 열을 말해요. 이 열이 생기면서 비닐봉지가 순간적으로 오그라들어 연필이 꽉 끼게 되고, 샐 틈을 없애주기 때문에 물이 새지 않는답니다.

끝이 뾰족한
연필을 써야 해요.

1 비닐봉지에 물을 가득 담아 위를
묶습니다.

연필은 힘 있고
빠르게 한 번에
꽂으세요.

2 비닐봉지를 든 채로 연필을 쿡 찔러
꽂습니다.

3 나머지 연필도 차례차례 꽂아 봅니다.

물 받칠 물통을 미리
준비해 놓고 그 위에서
연필을 빼세요.

4 꽂았던 연필을 하나씩 빼면 뚫린 구멍으로
물이 쏟아져 나옵니다.

 궁금해요

한번 젖은 성냥은 말려도 불을 붙일 수 없다?

성냥은 성냥 머리에 달린 유황이 마찰할 때 발생하는 열로 불을 붙일 수 있답니다. 그래서 성냥
개비가 물에 젖으면 마찰이 잘 일어나지 않고 미끄러지게 되어 불이 붙지 않는 것이지요. 그런
데 물기를 말렸는데도 왜 불이 붙지 않을까요? 성냥 머리에는 산소를 내어 황이 타는 것을 돕
는 염소산칼륨이라는 성분이 들어 있는데, 이것이 물에 녹았기 때문에 물기가 말라도 불이 제
대로 붙지 않는 것입니다.

영차영차 위로 올라가는 반지

경사진 고무줄 산을 영차! 영차!
잘도 올라가네요.

◀── 준비됐나요? **고무줄, 반지**

놀이 속 숨겨진 과학

고무줄을 당겼다 놓아 보세요. 금방 원래 길이로 돌아오지요? 고무줄의 이런 성질을
탄성이라고 하는데, 이 놀이도 탄성력을 이용한 것이에요. 한손에 숨겼던 고무줄을
조금씩 빼면 원래 길이로 돌아가려는 성질 때문에 위로 당겨집니다. 그때 당겨 올라
가는 고무줄을 타고 반지가 조금씩 위로 올라가게 되지요. 이러한 탄성력은 우리 생
활에서도 많이 이용되고 있는데, 대표적인 것이 컴퓨터의 키보드 자판이에요. 키보드
자판 안에 탄성력이 좋은 스프링이 들어 있어 자판을 누르면 언제든 다시 위로 올라
온답니다.

1 고무줄의 반을 손바닥 안에 숨깁니다.

고무줄을 숨긴 쪽의 손을 좀 더 아래쪽에 둡니다.

2 고무줄에 반지를 끼우고 다른 손으로 고무줄을 늘입니다.

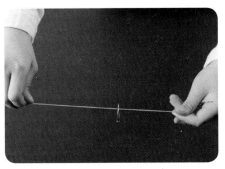

3 고무줄을 숨겨 뒀던 손의 힘을 천천히 빼면서 안쪽의 고무줄을 내보냅니다.

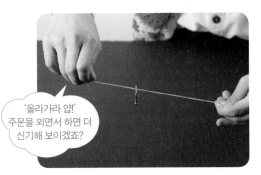

'올라가라 얍' 주문을 외면서 하면 더 신기해 보이겠죠?

4 반지가 조금씩 위로 올라갑니다.

 **궁금해요**

스파이더맨의 거미줄은 얼마나 강력할까?

거미줄은 겉으로는 약해 보이지만 사실 같은 굵기의 강철선보다도 튼튼하답니다. 또한 거미줄은 원래 상태로 돌아가려는 탄성력이 좋아 낙하산 줄이나 방탄조끼는 물론 수술용 실이나 인공인대로도 사용할 수 있어요. 하지만 거미를 대량 사육하여 거미줄을 활용하기에는 어려움이 많아요. 거미는 누에처럼 고치를 따로 만들지도 않고 무엇보다 자신의 영역을 목숨 걸고 지키려는 속성이 강하기 때문이지요. 그래서 최근 많은 과학자들이 인공 거미줄을 대량으로 만들어내기 위해 연구를 하고 있답니다.

갑자기 나타나는 마술 빨대

손에서 갑자기 빨대가 튀어나오는
놀라운 마술에 도전해 볼까요?

◀≪ **준비됐나요? 빨대, 가위**

놀이 속 숨겨진 과학

물체가 외부의 힘을 받았을 때 원래 상태로 되돌아가려는 힘을 **탄성력**이라고 합니다. 마술 빨대 역시 탄성력을 이용한 것인데, 빨대 가운데 부분을 끝까지 길게 잘라서 돌돌 말았다가 살짝 놓으면 탄성력에 의해 원래의 빨대 모양으로 돌아가게 됩니다. 마술사들이 많이 쓰는 마술 지팡이 완드도 이 원리에 따라 갑자기 나타나는 것이랍니다.

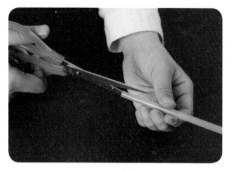

1 빨대 가운데 부분을 가위로 끝까지 잘라 줍니다.

2 빨대를 펴서 돌돌 말아 줍니다.

손가락 사이에 끼워 안 보이게 잘 숨기세요.

3 돌돌 말아 작아진 빨대를 손가락 사이에 숨깁니다.

여러 번 사용하면 빨대의 탄성력이 떨어져 원래대로 돌아오지 않아요.

4 손을 펴면 돌돌 말려 있던 빨대가 다시 원래대로 길어집니다.

하늘을 날아라! 번지점프

수십 미터 높이에서 몸에 줄을 매고 뛰어내리는 번지점프는 보기만 해도 아찔하죠. 혹시나 줄이 끊어지면 어쩌나 하는 걱정도 해봤을 거예요. 하지만 줄이 끊어질 걱정은 하지 않아도 돼요. 번지점프의 줄은 여러 개의 얇은 고무줄이 뭉쳐 있어 탄성이 뛰어납니다. 줄의 탄성이 좋기 때문에 뛰어내렸을 때 줄이 늘어나면서 떨어지는 충격을 흡수하는 거예요. 물론 이렇게 탄성이 좋은 줄도 주기적으로 교체를 해주어야 사고를 방지할 수 있답니다.

꾹 찔러도 안 터지는

풍선 바비큐 만들기

꼬챙이로 찔러도 안 터지는
풍선 바비큐, 먹지는 마세요!

◀◀ **준비됐나요?** 풍선, 테이프, 대꼬챙이(또는 철사)

놀이 속 숨겨진 과학

크게 분 풍선을 자세히 보면 위쪽 가운데에 배꼽처럼 툭 튀어나온 부분이 있어요. 그 부분만 풍선 색깔이 진하게 뭉쳐 있는데 풍선을 만드는 과정에서 덜 늘어났기 때문이 죠. 그 부분을 뾰족한 꼬챙이로 찌르면 찌를 때 생기는 **마찰열**로 인해 고무가 순간적으로 오그라들면서 틈이 막혀 풍선이 터지지 않아요. 풍선 입구도 마찬가지로 배꼽에서 입구 쪽으로 꼬챙이를 찔러 넣어도 공기가 새어 나오거나 터지지 않아 신기한 풍선 바비큐가 완성된답니다.

풍선은 너무 빵빵하게 불지 않도록 해요.

1 풍선을 적당한 크기로 불어 놓습니다.

풍선 가운데 배꼽처럼 튀어나온 부분이에요.

2 풍선 끝의 색이 짙은 부분에 테이프를 붙입니다.

끝이 뾰족한 꼬챙이를 사용하세요.

3 테이프를 붙인 부분에 대꼬챙이를 살살 돌려가면서 천천히 꽂습니다.

4 테이프로 붙인 부분을 뚫고 지나간 꼬챙이를 풍선 묶은 부분까지 밀어 넣어 통과시킵니다.

🧪 미니 실험실

준비물 : 물, 풍선, 초, 라이터

불에 구워도 안 터지는 풍선

❶ 풍선에 물을 조금 넣어 적당한 크기로 불어 놓습니다

❷ 촛불에 풍선을 가까이 대도 터지지 않습니다.

공기만 들어 있는 풍선은 불 근처에만 가도 뻥 터지게 됩니다. 풍선 안에 있던 공기가 열로 인해 늘어나기 때문이죠. 하지만 물을 넣은 풍선은 물이 열을 빼앗아가기 때문에 터지지 않아요.

아슬아슬 동전탑 쌓기

동전탑을 누가 더 높이높이 쌓나 친구들과 시합해요.

◀≪ 준비됐나요? 유리컵, 물, 카드, 동전 여러 개

놀이 속 숨겨진 과학

물에는 물끼리 서로 끌어당기는 **표면장력**이라는 힘이 작용합니다. 이 표면장력이 컵 위에 걸친 카드를 붙들고 있기 때문에 동전을 카드 끝에 올려놓아도 카드가 쓰러지지 않는답니다. 동전이 몇 개나 올라가나 높이 높이 쌓아 봐요.

물을 컵 끝까지 가득 채워야 해요.

1 유리컵에 물을 한가득 채웁니다.

카드는 컵 위에 1/2 정도만 걸쳐 주세요.

2 컵 위에 카드를 살짝 걸쳐 올립니다.

3 컵이 닿지 않은 카드 끝에 동전을 하나씩 올립니다.

4 카드가 떨어질 때까지 계속 동전을 쌓아 봅니다.

미니 실험실

준비물 : 유리컵, 물, 동전 여러 개

동전을 넣어도 넘치지 않는 물

❶ 물이 가득 든 컵에 동전을 하나씩 하나씩 넣습니다.

❷ 동전을 여러 개 넣어도 물이 넘치지 않고 위로 동그랗게 부풀어 오릅니다.

물과 물이 서로 끌어당기는 표면장력이 크기 때문에 물은 넘치지 않고, 넣은 동전의 부피만큼 유리컵 위로 물이 볼록하게 올라갑니다. 그렇지만 동전을 너무 많이 넣어 표면장력의 한계를 넘으면 물은 넘치고 말아요.

물이 새지 않는 스타킹

구멍이 숭숭 뚫린 스타킹이 물이 새지 않는다니, 상상이 가나요?

◀◁┊< **준비됐나요?** 유리컵, 헌 스타킹, 고무밴드, 물통, 물

> ### 놀이 속 숨겨진 과학
>
> 스타킹에는 무수한 구멍이 나 있어 물을 담은 컵을 거꾸로 세우면 금방이라도 물이 쏟아질 것 같지요. 하지만 물끼리는 서로 끌어당기는 **표면장력**이 있기 때문에 거꾸로 해도 스타킹을 통해 물이 쏟아지지 않아요. 그렇지만 컵을 비스듬하게 기울이면 표면장력이 밑으로 잡아당기는 중력보다 약해져서 물이 밑으로 쏟아지게 된답니다.

1 물을 가득 담은 유리컵 입구를 스타킹으로 씌운 뒤 고무밴드로 고정시킵니다.

스타킹을 팽팽하게 잡아당겨요.

2 손바닥으로 컵의 입구를 막은 다음 컵을 거꾸로 뒤집습니다.

3 손을 떼도 물이 새지 않습니다.

물통을 밑에 받쳐 놓고 하세요.

4 컵을 흔든 뒤 비스듬하게 기울이면 물이 새어 나옵니다.

궁금해요

우주비행사들은 기저귀를 찬다?

상상만 해도 웃음이 나오지만, 사실 멋있게만 보이는 우주비행사들도 우주에서는 갓난아기처럼 기저귀를 찬답니다. 우주복은 입는 시간이 많이 걸리는 데다, 우주인들은 한번 우주로 나가면 8시간 정도 일을 해야 하기 때문에 화장실에 가고 싶어도 우주선으로 되돌아가기가 어려워요. 그래서 우주인들은 우주복 속에 MAG(최대흡수내의)라는 남녀공용 성인용 기저귀를 찬 채 볼 일을 본답니다. 이 기저귀는 고흡수성 수지라고 하는 특수 물질로 만들어져 물을 순식간에 빨아들여 두부처럼 굳어진 상태로 바꿔 준답니다.

컵 사이로 동전 밀어 넣기

물이 가득 담긴 컵과 컵 틈새에 동전을
집어넣어도 물은 넘치지 않아요.

◀◀< **준비됐나요?** 와인잔 2개, 물, 투명 필름(또는 책받침), 동전 여러 개

놀이 속 숨겨진 과학

투명 필름을 덮고 컵을 거꾸로 들었을 때 물이 쏟아지지 않는 이유는 무엇일까요? 그
것은 바로 필름 부분에 공기의 압력이 작용하기 때문이에요. 물의 표면은 얇은 막 같
은 것이 덮여 있는데 그 막의 힘이 컵 속의 물을 흩어지지 않게 도와준답니다. 이처럼
표면장력으로 서로 끌어안고 있기 때문에 동전을 넣을 만큼의 작은 틈으로는 물이 흘
러나오지 않는 거예요.

크기가 같은
와인잔을
준비하세요.

1 2개의 잔에 물을 가득 담습니다.

2 잔 하나에만 투명 필름을 덮고 손으로
잡은 뒤 거꾸로 뒤집습니다.

3 물을 가득 담아 뒀던 나머지 잔 위에 거꾸로
뒤집은 잔을 마주보게 올려 놓습니다.

4 두 와인잔 사이에 끼어 있는 투명 필름을
천천히 빼냅니다.

5 위의 잔을 조심스럽게 움직여 틈을 만들고
동전을 집어넣습니다.

6 동전 여러 개를 넣어도 물이 넘치지
않습니다.

후다닥 도망가는 후춧가루

잔잔한 호수에 세제 마왕이 나타나니,
후추 친구들이 꽁지 빠지게 달아나요.

◀═ 준비됐나요? 그릇, 물, 세제, 이쑤시개, 후춧가루

놀이 속 숨겨진 과학

물은 물끼리 서로 잡아당기는 **표면장력**이라는 힘을 가지고 있다는 것, 이제 다들 알 거예요. 그래서 물 위에 얇은 껍질처럼 막이 생기는데, 세제 묻은 이쑤시개를 넣으면 이 막이 깨지면서 물 위에 떠 있던 후춧가루가 여기저기 흩어집니다. 여기에 이쑤시개로 모형을 만들고 그 안에 세제를 묻힌 이쑤시개를 넣으면 어떻게 될까요? 마찬가지로 도형 안쪽 부분의 표면장력이 깨지게 됩니다. 도형의 바깥쪽은 상대적으로 표면장력이 커서 이쑤시개를 끌어당기므로 도형 모양이 깨지면서 그릇의 가장자리로 흩어집니다.

1 그릇에 물을 반쯤 담고 후춧가루를 그 위에 뿌립니다.

2 이쑤시개로 그릇의 가운데를 눌러보면 아무런 변화가 없습니다.

3 이쑤시개로 사진과 같이 도형을 만들어 후춧가루 위에 띄웁니다.

다른 모양으로 만들어도 상관없어요.

4 이쑤시개 끝에 세제를 조금 묻힙니다.

5 도형 가운데를 세제 묻힌 이쑤시개로 눌러보면 이쑤시개가 사방으로 흩어집니다.

궁금해요

물에 빠지는 소금쟁이?

물에 소금쟁이가 떠 있을 때 세제를 넣으면 물에 빠져요. 소금쟁이의 발에는 극성이 없는 기름이 있는데 극성이 있는 물을 만나면 섞이지 않아 뜰 수 있어요. 그런데 소금쟁이의 발에 세제가 닿으면 발에 있는 기름이 분해되어 더이상 물 위에 뜰 수 없게 되지요.

활짝 피어나는 종이꽃

종이꽃을 물 위에 띄우니
예쁜 꽃이 활짝 피어나요.

◀〓 **준비됐나요?** 양면 색종이, 가위, 물, 물통

놀이 속 숨겨진 과학

종이를 물에 넣으면 금방 젖어버리지요? 종이는 물을 잘 흡수하는 물질로 되어 있어
종이 속으로 물이 스며들면 물을 머금게 되고 어느 정도 부풀어 오른답니다. 접어서
만든 종이 꽃잎이 물 위에서 퍼지는 것도 이런 원리 때문입니다. 접은 꽃잎 부분까지
물이 스며들어 부풀어 오르면 접힌 부분이 서서히 펼쳐지다 어느 순간 종이꽃이 활짝
벌어집니다.

다른 모양으로
만들어도
상관없어요.

1 색종이를 동그랗게 오린 다음 가장자리를
돌아가며 6군데 정도 칼집을 내줍니다.

2 오린 색종이의 귀퉁이를 꼭꼭 접어
오므립니다.

3 모두 접으면 종이꽃이 완성됩니다.

4 만든 종이꽃을 물 위에 띄웁니다.

5 꽃잎이 서서히 열리기 시작합니다.

6 조금 더 시간이 지나면 종이꽃이 활짝
핍니다.

치약 보트로 경주해요

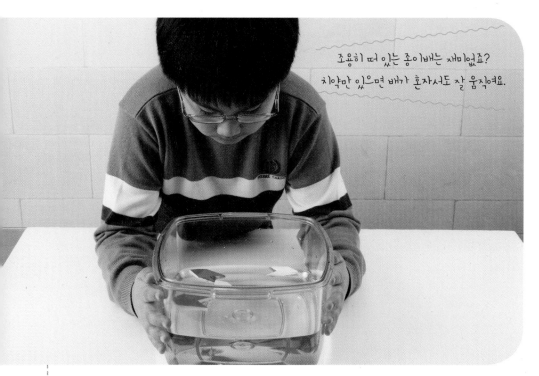

조용히 떠 있는 종이배는 재미없죠?
치약만 있으면 배가 혼자서도 잘 움직여요.

◀◀ **준비됐나요?** 스티로폼(또는 두꺼운 종이), 물통, 물, 가위, 치약

놀이 속 숨겨진 과학

물은 **분자**라고 하는 아주 작은 알갱이들로 이루어져 있어요. 물 분자들은 물의 표면에서 서로를 강하게 끌어당기는 힘을 가지고 있는데, 그 힘은 앞에서도 여러 번 설명했던 **표면장력**입니다. 그런데 치약은 이 표면장력을 약하게 만드는 성질이 있어요. 그래서 물 위에 치약을 묻힌 배를 띄우면 물끼리 끌어당기는 힘이 약해지고 치약이 묻지 않은 반대쪽으로 끌어당기는 힘이 더 강해져서 배가 앞으로 나가게 된답니다. 그러니 꼭 한쪽에만 치약을 묻혀야겠죠?

또는 물이 덜 스며드는 두꺼운 종이로 준비하세요.

1 스티로폼을 보트 모양으로 오린 다음 뒤쪽은 갈라지게 자릅니다.

치약 대신에 주방용 세제를 사용해도 좋아요.

2 보트 뒤쪽 갈라진 부분에 치약을 조금 바릅니다.

3 치약 묻힌 부분을 물 위에 띄우면 배가 앞으로 나갑니다.

 궁금해요

비눗방울은 왜 모두 둥근 모양일까?

비눗방울은 왜 세모나 네모, 별 모양은 없고 동그란 모양만 있을까요? 그 이유는 바로 표면장력 때문이랍니다. 물은 표면장력을 가지고 있어 물 안의 입자들이 서로 끌어당기면서 둥글게 모이려고 하는데, 비눗방울 역시 이런 성질 때문에 다른 모양이 아닌 동그란 모양을 갖게 되는 것이랍니다. 그래서 비눗방울을 부는 도구의 모양이 세모나 네모 모양이더라도 비눗방울은 항상 둥글게 나온답니다.

특명! 비눗방울을 통과하라

커다란 비눗방울 속에
작은 비눗방울을 만들어 봐요.

◀〈 **준비됐나요?** 굵은 빨대, 얇은 빨대, 세제 + 물 + 설탕, 컵, 가위, 접시

놀이 속 숨겨진 과학

주방용 세제는 치약과 마찬가지로 물끼리 끌어당기는 힘인 **표면장력**을 약하게 만들어 비눗방울을 불면 금방 터지죠. 또 비눗방울을 둘러싸고 있는 막은 액체와 기체가 만드는 경계면이라 매우 불안정해서 터지기 쉬워요. 하지만 빨대에 비눗물을 묻히면 비눗방울을 터트리지 않고 안에 비눗방울을 또 하나 만들 수 있어요. 이런 방법으로 장미꽃에 비눗물을 묻혀서 넣으면 비눗방울이 터지지 않고 장미꽃이 무사히 비눗방울 속으로 들어간답니다.

빨대 두께가 굵을수록
비눗방울이 더 크게
만들어져요.

1 굵은 빨대의 끝을 십자 모양으로 자른 후
끝을 잘 펴줍니다.

냉장고에 넣었다가
불면 비눗방울이
잘 안 터져요.

세제:물:설탕의
비율은 1:6:1이
적당해요.

2 세제, 물, 설탕을 섞어 비눗물을 만들고
굵은 빨대에 비눗물을 묻힙니다.

3 비눗물을 묻힌 빨대를 접시 위에 천천히 불어
큰 비눗방울 돔을 만듭니다.

4 얇은 빨대에 비눗물을 묻혀 큰 비눗방울
안에 작은 비눗방울을 불어넣습니다.

 궁금해요

사람도 물 위를 걸을 수 있을까?

가끔 무협 영화를 보면 물 위를 걸어 다니는 무술 고수들이 나옵니다. 과연 실제로도 사람이 물
위를 걸을 수 있을까요? 사람이 물 위를 걷기 위해선 1초에 30m의 속력으로 달릴 수 있어야 하
고, 몸무게도 아주 가벼워야 하니 현실적으로 불가능하답니다. 그래도 물 위를 꼭 걸어 보고 싶
다면 이렇게 해보세요. 물을 담은 커다란 통에 녹말가루를 넣고 섞은 뒤 걸어 보세요. 녹말은
순간적으로 충격을 주면 딱딱해지기 때문에 그 위를 걸을 수 있답니다.

얇은 지폐 위에 올라간 동전

지폐 위에 아슬아슬 서 있는 동전.
외줄타기 서커스가 따로 없네요.

◀ 준비됐나요? **지폐, 동전**

놀이 속 숨겨진 과학

곡예단의 줄타기 묘기를 본 적이 있나요? 장대를 들고 조심조심 줄 위를 걷는 재주꾼
의 모습을 보고 있으면 진땀이 절로 나지요. 왜 장대를 들고 줄을 건널까요? 이유는
양쪽의 균형을 맞추기 위해서예요. 처음부터 얇은 지폐 위에 동전을 올려놓기는 어렵
지만, 반쯤 접은 상태에서 동전을 올리고 조금씩 양 옆으로 벌리다 보면 무게중심을
찾을 수 있어요. 지폐를 천천히 펼칠 때 위에 있던 동전도 천천히 움직이면서 균형을
잡기 때문에 동전이 떨어지지 않고 지폐 위에 머물게 되는 거예요.

구겨지지 않은 빳빳한 지폐가 좋아요.

1 지폐를 반으로 접습니다.

2 접은 지폐를 90도 각도로 편 상태에서 세운 다음, 접힌 부분에 동전을 올려놓습니다.

천천히 잡아당겨야 동전이 떨어지지 않아요.

3 지폐의 양쪽 끝을 천천히 손으로 잡아당깁니다.

4 지폐를 ―자로 펴도 동전은 떨어지지 않습니다.

궁금해요

오뚝이처럼 일어서는 젓가락

▲ 무게 중심을 이용한 아이디어 젓가락

음식을 먹고 젓가락을 테이블에 놓으면 젓가락 끝에 묻은 음식물이 닿아 테이블이 지저분해지지요? 이런 고민을 날려줄 재미있는 젓가락이 있답니다. 무게중심을 뒤에 두어 입에 닿는 부분이 테이블에 닿지 않게 만든 오뚝이 젓가락이에요.

줄을 타고 가는 무당벌레

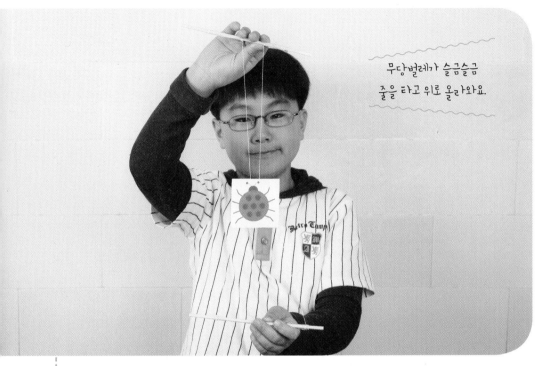

무당벌레가 슬금슬금
줄을 타고 위로 올라와요.

◀〔 **준비됐나요?** 두꺼운 종이, 색연필, 빨대, 실, 나무젓가락, 테이프, 가위

놀이 속 숨겨진 과학

나무젓가락에 달린 실의 각도에 따라 빨대와 접촉하고 있는 실의 **마찰력**이 달라지는
원리를 이용한 장난감이랍니다. 빨대에 실이 닿으면 마찰력이 생겨 무당벌레가 멈추
고, 빨대에 실이 닿지 않으면 마찰력이 없어 무당벌레가 위로 올라가게 되지요.

무당벌레 대신 거미나 개미 등 다른 그림도 괜찮아요.

1 두꺼운 종이에 무당벌레 그림을 그립니다.

빨대를 붙일 때는 서로 기울어진 각도를 비슷하게 하세요.

2 그림 뒷면에 八자 모양으로 빨대를 붙이고 빨대 속에 실을 길게 통과시킵니다.

3 실의 양쪽 끝을 위아래 모두 나무젓가락에 묶어 줍니다.

4 나무젓가락을 아래위로 움직이면 무당벌레가 줄을 타고 올라갑니다.

 궁금해요

우리 몸의 무게중심을 찾아라!

허리를 구부려서 손으로 발끝을 잡아 보세요. 넘어지지 않고 잡을 수 있을 거예요. 무게중심이 발바닥 면의 안쪽에 있기 때문에 균형을 잡을 수 있는 것이랍니다. 다음에는 등을 벽에 붙이고 선 다음 허리를 숙여 발끝을 잡아 보세요. 몸이 기우뚱 중심을 못 잡고 앞으로 넘어지게 되는데, 무게중심이 발바닥 면을 벗어나 앞으로 쏠려서 균형을 잃기 때문입니다.

넘어지지 않는 아기 곰

아기 곰이 손가락 끝에서
아슬아슬 서 있네요.

◀= **준비됐나요?** 두꺼운 종이, 색연필, 가위, 핀, 실, 자, 볼펜

놀이 속 숨겨진 과학

무게중심만 찾으면 어디서든 균형을 잡을 수 있어요. 그럼 무게중심은 어떻게 찾을 수 있을까요? 동그란 원이나 정사각형 같이 모양이 일정한 경우 무게중심은 정중앙이 됩니다. 하지만 형태가 일정하지 않은 경우 무게중심을 찾기가 쉽지 않아요. 다음과 같은 방법을 이용하면 어떠한 모양도 무게중심을 찾을 수 있답니다.

1 두꺼운 종이에 좋아하는 그림을 그리고
가위로 오립니다.

2 그림의 한쪽 끝에 핀을 꽂고 핀에 실을
매답니다.

실 아래로 중력이
작용하도록 작은
물체를 달아 보세요.

3 매단 실이 늘어진 곳을 따라 자를 대고
선을 그립니다.

아무 끝이나
상관없어요.

4 같은 방법으로 다른 한쪽 끝에도 핀을
꽂아 실을 매달고 선을 그립니다.

5 X자 모양으로 두 선이 겹쳐지는 부분을
표시해 둡니다.

손가락 끝에도
올려 보세요.

6 표시한 부분을 손 끝에 올리면 그림이
균형을 잡고 서게 됩니다.

못 위에 못 8개 올리기 서커스

하나의 못 머리 위에
멋진 철 기둥이 세워졌어요.

◀〈〈 **준비됐나요?** 못 9개, 고무찰흙, 필름통

놀이 속 숨겨진 과학

조그만 못 머리 위에 8개의 못을 올려놓는 일이 어떻게 가능할까요? 우리 속담에 '백 번 듣는 것보다 한 번 보는 것이 낫다'라는 말이 있지요. 직접 해봐야 무게중심의 원리도 더 쉽게 이해할 수 있을 거예요. 먼저 머리를 짜내 8개의 못을 올려 보세요. 아마 처음엔 1개도 올리기 힘들 거예요. 물체를 받쳐주는 점이 무게중심에서 벗어나면 물체에는 돌리는 힘이 생겨 쓰러지게 되는데, 이때 돌리는 힘을 잘 조절하면 물체가 균형을 잡고 서 있게 됩니다. 이런 원리를 이용하여 아슬아슬하게 여러 개의 못을 세울 수 있어요.

1 필름통 안에 고무찰흙을 넣은 뒤 가운데에 못 하나를 꽂아 고정시킵니다.

크기와 모양이 같은 못으로 준비하세요.

2 바닥에 못 1개를 길쭉하게 놓고 그 위에 좌우 3개씩 못을 엇갈리게 올려놓습니다.

못을 놓을 때 좌우가 같도록 해야 무게중심이 잡혀요.

3 남아 있는 못 1개는 머리를 반대로해서 그 위에 올려놓습니다.

못 머리를 중심으로 좌우 못의 개수가 같도록 해요.

4 모양이 흐트러지지 않게 못 뭉치를 들어 필름통에 세워둔 못 머리 위에 올려놓습니다.

미니 실험실

준비물 : 달걀

달걀 세우기

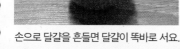

손으로 달걀을 흔들면 달걀이 똑바로 서요.

날달걀을 그냥 세워 보려고 하면 잘 세워지지 않고 자꾸 기우뚱 넘어지지요? 그 이유는 바로 노른자가 항상 가운데 자리에 위치하도록 잡아주는 알끈이 있기 때문이에요. 그런데 달걀을 손으로 마구 흔들어 이 알끈을 끊어 버리면 어떻게 될까요? 가운데 있던 노른자가 아래로 이동하게 되는데, 이때 달걀을 세우면 마치 오뚝이처럼 서 있게 된답니다.

병 사이에 낀 지폐 일병 구하기

그릇은 움직이지 않고, 테이블보만 빼내듯이
병과 병 사이에 낀 지폐를 빼볼까요?

◀◁ **준비됐나요?** 음료수병 2개, 지폐, 수건

놀이 속 숨겨진 과학

지폐의 한쪽 끝을 잡고 다른 손가락으로 지폐를 빠르게 내리치면, 병 사이의 지폐가 빠져나오게 됩니다. 이런 일이 가능한 이유는 물체가 원래의 운동 상태를 그대로 유지하려고 하는 **관성** 때문입니다. 병 또한 그 자리에 있으려고 하는 관성이 있기 때문에 지폐를 빼도 병은 쓰러지지 않아요. 그러나 지폐를 천천히 잡아당기면 지폐와 함께 병이 움직이면서 균형을 잃고 쓰러지게 되는데, 이때는 지폐와 병 사이에 **마찰력**이 커지기 때문이에요. 마찰력을 줄이기 위해서는 지폐를 재빠르게 내려치면서 빼내야 한답니다.

1 병 입구 위에 지폐를 올린 뒤, 다른 병을 거꾸로 들고 입구가 맞닿게 세웁니다.

2 병 사이에 낀 지폐를 그냥 빼려고 하면 병이 떨어지려고 합니다.

3 병을 원래대로 세운 뒤 이번엔 한 손으로 지폐 끝을 잡고 다른 한 손가락으로 그 사이를 내려칩니다.

4 병이 쓰러지지 않고 지폐만 쏙 빠져나옵니다.

 궁금해요

버스에서 균형 잡기 힘든 이유

달리던 버스가 갑자기 멈추거나 출발할 때 몸이 앞뒤로 쏠리는 이유는 관성 때문이에요. 버스가 급출발할 때 버스는 앞으로 가지만 우리 몸은 계속 그 자리에 있으려고 하기 때문에 뒤로 쏠리게 되는 것이죠. 반대로 버스가 급정차할 때 버스는 가만히 있지만, 우리 몸은 계속 가려고 하기 때문에 앞으로 쏠리게 되는 것이랍니다.

컵 속에 있는 동전 구출작전

직접 동전에 손 대지 않고도
움직이게 할 수 있을까요?

◀ ⟨⟨ 준비됐나요? 헝겊(손수건), 100원 동전 3개, 유리컵

놀이 속 숨겨진 과학

컵 아래에 있던 동전이 바닥을 긁기만 해도 움직이기 시작합니다. 바닥을 긁는 속도에 따라 조금씩 컵을 빠져나와 컵 밖으로 빠져나왔네요. 물체는 원래의 운동 상태를 유지하려는 성질이 있답니다. 이 성질을 **관성**이라고 해요. 동전 아래에 있는 헝겊을 잡아당겼다가 놓는 순간 동전이 앞으로 이동해 있습니다. 헝겊은 원래의 상태로 돌아가지만 그 위의 동전은 원래의 상태를 유지하려고 하기 때문에 이동한 상태를 유지하는 것이지요.

너무 매끄러운 헝겊은 안 될 수도 있어요.

가운데 동전이 빠져나오기 쉽도록 공간을 만듭니다.

1 동전 세 개를 손수건이나 헝겊 위에 나란히 놓고 바깥쪽 동전 두 개 위에 유리컵을 올려놓도록 합니다.

2 컵 바깥쪽 가운데 동전 쪽 헝겊을 손톱으로 살짝 살짝 긁습니다.

같은 방향으로 긁어야 힘이 일정하게 작용하지요.

3 동전이 컵 밖으로 빠져나오는 것을 볼 수 있습니다.

❶ 책상 가장자리에 긴 종이를 놓고, 그 위에 동전을 쌓아요.

❷ 한 손으로 종이의 끝을 잡고 종이와 수직으로 내리쳐요.

❸ 종이만 동전 사이로 빠져나오는 것을 봅니다.

운동하는 방향과 수직하게 힘을 가하면 동전에는 힘이 가해지지 않아요. 동전에 힘이 작용하지 않으면 동전의 현재 상태를 지속하게 되는데 이 성질을 관성이라고 합니다. 즉, 움직이던 것은 계속 움직이려고 하고, 정지해 있는 것은 계속 정지해 있으려는 성질을 뜻합니다. 책상 위의 동전은 정지 상태였기 때문에, 빠른 속도로 종이가 빠져나가는 순간 동전은 관성의 힘에 의해 그대로 쌓여 있게 되는 것입니다.

뚜껑을 여는 순간 튀어나오는 우유상자

손을 놓는 순간 우유상자가
마법처럼 튀어나와요.

◀◀⟨ **준비됐나요?** 우유갑 10개 이상, 동그란 고무줄 10개, 우유갑을 담을 상자, 가위, 칼

놀이 속 숨겨진 과학

고무줄은 늘어나면 원래의 상태로 돌아가려는 성질이 있어요. 우유갑에 마주 보는 대각선에 걸어놓은 고무줄을 늘려 접으면 다시 원래의 상태로 돌아가게 되는 것이지요. 이 힘을 **탄성력**이라고 해요. 탄성력은 늘어난 길이가 클수록 힘이 커지지요. 여러 개의 우유갑을 큰 상자에 넣어놓으면 한꺼번에 원래의 상태로 돌아가려는 힘에 의해 쏟아져 나오는 모양으로 나타나는 거랍니다.

우유 곽의 아래면에 칼집을 내어 잘라냅니다.

1 우유갑을 씻어 말린 것의 바닥면을 칼로 잘라내요.

고무줄을 잘 늘려 대각선으로 걸어요.

2 대각선 방향의 모서리에 홈집을 내서 고무줄을 끼웁니다.

3 우유갑의 고무줄이 늘어나는 방향으로 접어 상자에 넣어요.

4 우유갑을 잡고 있던 손을 놓으면 우유갑들이 날아가며 원래의 상태로 돌아가요.

🧪 미니 실험실

준비물 : 종이컵, 클립, 옷걸이, 실, 송곳, 테이프

깡총 뛰는 토끼

고무줄이 미끄러지지 않게 테이프로 붙여 줍니다.

❶ 종이컵에 고무줄 두 개를 수직으로 끼워요.

❷ 고무줄을 끼운 컵 앞에 토끼 그림을 붙이고 그 컵으로 나머지 다른 컵 위를 덮습니다.

❸ 손을 놓으면 토끼가 하늘로 날아갑니다.

고무줄은 늘어나면 원래의 상태로 돌아가려는 힘이 있어요. 컵 위를 씌운 고무줄이 늘어난 상태로 컵을 덮었다가 다시 원래의 상태로 돌아가려는 성질에 의해 컵이 날아가요.

다 함께 신나는 과학 여행을 떠나요.

어둠을 밝혀 주는 고마운 전기로
움직이는 신기한 장난감을 만들고,
내 손으로 소화기를 만들어
소방관 아저씨처럼 멋지게 불도 꺼 봐요.
마치 내가 훌륭한 과학자가 된 것 같이
어깨가 으쓱해질 거예요.

Part 4

전기와 화학반응의 세계로 떠나는 모험

말랑말랑 왕달걀 만들기

달걀이 식초와 만나니 껍데기를 벗고 탱탱하게 부풀어 올랐어요.

◀〈 **준비됐나요?** 날달걀 2개, 식초, 뚜껑 있는 그릇, 접시

놀이 속 숨겨진 과학

달걀 껍데기는 **탄산칼슘**이라는 성분으로 되어 있는데 탄산칼슘은 식초와 만나면 녹아버립니다. 그래서 식초에 넣어둔 달걀은 껍데기가 흐물흐물 녹아 노른자가 보일 정도로 거의 투명한 상태가 됩니다. 그렇다면 식초에 넣기 전보다 달걀의 크기가 커지는 이유는 무엇일까요? 그것은 바로 단단하게 막고 있던 달걀 껍데기가 사라지고 얇은 막만 남은 달걀 속으로 식초가 들어가 부피가 늘어나기 때문이에요.

식초는 냄새가 독해서 밀폐된 용기에 보관하고 환기를 자주 시켜줘야 해요.

1 뚜껑 있는 그릇에 날달걀을 넣고 식초를 붓습니다.

식초에 넣어 놓은 시간이 충분하지 않으면 달걀이 탱탱볼처럼 부풀지 않아요.

2 뚜껑을 닫고 실내에서 3~4일 동안 보관한 뒤 열어 봅니다.

3 달걀을 손가락으로 꾹 눌러보면 풍선처럼 다시 나옵니다.

 궁금해요

빵이 빵빵하게 부풀어 오르는 이유

빵을 만드는 과정을 본 적이 있나요? 납작한 밀가루 반죽이 오븐에 들어갔다 나오면 빵빵하게 부풀어 오른 것을 볼 수 있어요. 빵이 부풀어 오르는 비밀은 바로 반죽을 할 때 밀가루와 함께 넣는 이스트에 있답니다. 이스트가 밀가루 속의 당분을 발효시키면서 이산화탄소를 만들어 내어 납작하던 반죽을 커다랗게 부풀려 주는 것이지요. 그래서 빵을 반으로 잘라 보면 이산화탄소가 지나간 흔적인 구멍들이 송송 뚫려 있는 것을 볼 수 있어요.

미니 소화기로 불을 꺼요

용감한 119 소방대원 아저씨처럼
미니 소화기로 불을 꺼 볼까요?

◀〔〔 **준비됐나요?** 뚜껑 있는 페트병, 송곳, 가위, 주름 빨대, 소다,
식초, 글루건(또는 고무찰흙), 휴지 1장, 초, 라이터

놀이 속 숨겨진 과학

식초에 소다를 넣으면 부글부글 거품이 생기는데 그 거품이 바로 **이산화탄소**랍니다.
이산화탄소는 불을 끄는 성질이 있어 촛불에 가까이 가져가면 불이 꺼지게 됩니다.
이산화탄소는 공기보다 무게가 무겁기 때문에 불을 끄려면 빨대를 아래쪽으로 향하
게 해야 한다는 것 기억하세요.

빨대와 병 뚜껑 사이의 틈은 글루건이나 찰흙으로 막아 주세요.

1 페트병 뚜껑에 송곳으로 구멍을 뚫고 짧게 자른 주름 빨대를 끼웁니다.

2 페트병 안에 식초를 조금만 따라 넣습니다.

휴지는 얇을수록 좋아요.

3 휴지를 한 겹만 얇게 펴고 그 위에 소다를 덜어 냅니다.

4 소다를 휴지로 싼 뒤 페트병에 넣고 재빨리 뚜껑을 닫습니다.

5 식초에 거품이 올라오는 것을 볼 수 있습니다.

빨대를 아래쪽으로 향하게 해요.

6 미리 켜둔 촛불에 빨대 입구를 갖다 대면 촛불이 꺼집니다.

넣으면 색깔이 휙휙 바뀌는

신비의 액체 만들기

넣으면 순식간에 색깔이 바뀌는
마법의 액체를 만들어 봐요.

◀〉〈 **준비됐나요?** 붉은 양배추, 냄비, 물, 식초, 락스, 투명한 컵 2개

놀이 속 숨겨진 과학

붉은 양배추 끓인 물을 여러 가지 물질에 섞으면 색깔이 변해요. 그 이유는 붉은 양배추에 **안토시안**이라는 색소가 들어 있기 때문이에요. 이 색소는 식초와 같은 산성에는 빨간색으로 변하고, 락스 같은 염기성에서는 연두색 또는 파란색으로 변한답니다. 이렇게 물질에 따라 자신의 색깔을 바꿔 그 물질이 어떤 특성을 지니고 있는지 알려주는 것을 **지시약**이라고 합니다. 붉은 양배추 외에도 검은콩이나 포도 껍질, 가지 껍질 등으로도 지시약을 만들 수 있어요.

물이 붉게 변할 때까지 푹 끓이세요.

1 냄비에 물을 붓고 붉은 양배추를 넣어 끓인 뒤 식힙니다.

2 붉은 양배추 끓인 물을 식초가 담긴 컵에 넣으면 붉은색으로 변합니다.

주스나 샴푸에도 넣어 보고 색이 어떻게 변하는지 관찰해보세요.

3 붉은 양배추 끓인 물을 락스가 담긴 컵에 넣으면 옅은 연두색으로 변합니다.

 궁금해요

산성비를 맞으면 진짜 대머리가 될까?

비를 맞고 놀다가 엄마에게 혼난 적 없나요? "요즘 비는 산성비라 맞으면 대머리 돼."라고 겁을 주곤 하시죠. 하지만 사실 산성비는 대머리와는 아무 연관도 없답니다. 산성비라 해도 머리카락에 영향을 줄 만큼 농도가 진하지 않으니까요. 그러나 산성비가 건물을 부식시키고 문화재를 망가뜨리는 등 우리 생활에 큰 피해를 입히는 것만큼은 확실하니, 환경을 깨끗하게 하여 산성비가 내리지 않는 세상을 만들어 봐요.

007 비밀편지 쓰기

빈 종이를 들고 촛불에 비추면 숨어 있던 글자가 나타나요.

◀ᆖ **준비됐나요?** 종이, 비타민C 가루, 작은 접시, 젓가락, 물, 초, 라이터

놀이 속 숨겨진 과학

가루로 된 비타민C를 먹으면 맛이 어떤가요? 무척 시죠? 비타민C는 이렇게 신맛을 내는 **산성** 물질이기 때문에 비밀편지로 이용할 수 있는 것이랍니다. 산성 물질은 주변의 물을 빼앗는 성질이 있어서 비타민C로 글을 썼을 때 종이 속에 숨어 있는 수분을 빼앗아가요. 그래서 촛불로 열을 가하면 수분을 빼앗긴 부분이 새까맣게 보이는거예요. 비타민C 말고도 신맛을 내는 레몬즙이나 식초로 글을 써도 똑같아요. 친구에게 털어놓고 싶은 얘기가 있다면 비밀편지를 써 보세요.

비타민C 대신 레몬즙이나 식초를써도 좋아요.

1 비타민C 가루를 작은 접시에 담고 물을 조금 부어 잘 젓습니다.

2 젓가락에 가루 녹인 물을 묻혀 종이에 글씨를 씁니다.

3 종이를 말리면 글씨가 사라집니다.

다리미로 종이를 다려도 글씨가 나타나요.

4 이 종이를 촛불 위에 대면 글씨가 다시 나타납니다.

궁금해요

벌에 쏘였을 땐 비눗물을 바른다?

산에 놀러가서 벌에 쏘였을 경우 어떻게 대처해야 할까요? 응급처치로 암모니아수를 바르는 것이 좋지만 산에서 갑자기 암모니아수를 구하기도 힘들고, 그럴 땐 비눗물을 바르세요. 비눗물은 주변에서 구하기 쉬운 염기성 물질로 벌에 쏘인 부분에 바르면 산성 물질인 벌의 침을 중화시켜 증상을 완화시킬 수 있답니다. 그러나 이것 역시 응급처치일 뿐, 가장 좋은 방법은 병원으로 달려가는 것이랍니다.

산소탱크 만들기

빨래할 때 꼭 필요한 표백제가
감자와 만나면 산소를 만들어요.

◀ ⫶⫶ **준비됐나요?** 감자, 믹서, 그릇, 비닐봉지, 고무밴드, 표백제

놀이 속 숨겨진 과학

'빨래 끝!' 하면서 옷을 널던 TV 광고 생각나나요? 그 광고에 나왔던 표백제는 산소를 만들어서 옷의 때를 없애주는 것이랍니다. 그럼 표백제에서 정말 산소가 나오는지 확인해 봐야겠죠? 산소계 표백제 중 하나인 옥시크린에 감자를 갈아 넣으면 봉지가 점점 부풀어 오르는데 이때 봉지 안에 생겨난 것이 바로 산소랍니다. 여기서 감자는 옥시크린이 분해되어 산소가 잘 나올 수 있도록 도와주는 역할을 해요. 감자 안에 들어 있는 **카탈라아제**라는 성분 때문이지요. 감자가 없으면 당근으로 대신해도 된답니다.

1 감자 껍질을 벗기고 믹서에 곱게 갈아
줍니다.

감자와 표백제를
같은 분량으로
넣으세요.

2 믹서에 간 감자를 비닐봉지에 넣고 세제
뚜껑 2컵 분량의 표백제를 넣습니다.

봉지의 공기를 빼고
입구를 묶으세요.

3 비닐봉지 입구 부분을 고무밴드로 묶고
봉지 안의 감자와 표백제를 손으로 잘
섞어 줍니다.

4 2~3시간 기다리면 비닐봉지가 빵빵하게
부풀어 오릅니다.

표백제 대신 달걀 껍데기를!

이젠 빨래할 때 표백제 대신 달걀 껍데기를 사용하라고 엄마에게 살짝 귀띔해 주세요. 요리하
고 남은 달걀 껍데기를 잘 씻어 말려 놓았다가 거즈에 싸서 삶는 빨래 속에 넣으면, 표백제를
넣은 것처럼 때가 쏙 빠지고 누렇게 변했던 옷은 하얗게 돌아와요. 표백제처럼 옷감을 상하게
하지도 않고 천연 재료이기 때문에 아토피 걱정도 덜 수 있답니다.

불도 이기는 마법의 종이

불을 붙여도 타지 않는
마법의 종이를 만들어 봐요.

◁≡ **준비됐나요?** 아세톤, 물, 집게, 컵 2개, 종이, 초, 라이터

놀이 속 숨겨진 과학

불에 타려면 3가지 조건이 갖춰져야 하는데요. 먼저 태울 것과 산소가 있어야 하고,
불이 붙을 만큼 뜨거운 온도(발화점)가 유지되어야 합니다. 이 놀이에서는 한 가지 조
건이 충족되지 않아 종이가 타지 않는답니다. 탈 물건인 종이가 있고, 주변에 산소도
충분하지만 종이가 물에 젖은 상태이기 때문에 아세톤에 불을 붙여도 불이 붙을 만큼
충분한 온도가 만들어지지 않아 종이가 타지 않는 것입니다.

아세톤은 조금만 있어도 돼요.

1 2개의 컵에 각각 아세톤과 물을 담습니다.

물에 충분히 적시지 않으면 종이가 탈 수 있어요.

2 네모나게 여러 번 접은 종이를 집게로 집어 물에 충분히 적십니다.

3 물에 충분히 적신 종이에 아세톤을 끝에만 살짝 묻힙니다.

4 곧바로 촛불에 종이를 살짝 대어 불을 붙입니다.

종이를 아래로 기울이면 불이 옮겨갈 수 있으니 꼭 위로 반듯하게 들어야 해요.

5 종이를 높이 들고 불이 꺼질 때까지 기다립니다.

6 불이 꺼진 종이가 하나도 타지 않은 것을 확인할 수 있습니다.

물줄기가 엿가락처럼 휘어져요

풍선을 물에 갖다 대니
물줄기가 휘어지네요.

◀€ **준비됐나요?** 막대풍선, 모피조각

놀이 속 숨겨진 과학

눈에 보이지는 않지만 물이나 풍선, 책받침 등 모든 물건에는 마이너스(−) 전기와 플러스(+) 전기가 흐르고 있어요. 보통 땐 전기를 띠지 않지만 빠르게 문지르면 전기를 띱니다. 자석처럼 같은 종류의 전기끼리는 밀어내고 다른 종류의 전기끼리는 당기게 됩니다. 그래서 모피에 문지른 풍선을 물에 갖다 대면 풍선에 흐르고 있는 전기와 반대되는 전기가 모여 풍선 쪽으로 물이 휘어지게 되는 것이랍니다.

1 풍선을 불어 모피나 머리카락에
문지릅니다.

물줄기가 가늘어야
휘어진 것이 더 잘
보여요.

풍선에 물이 묻지
않도록 하세요.

2 싱크대나 세면대의 물을 약하게 틉니다.

3 모피에 문지른 풍선을 물 가까이 대면
물줄기가 풍선 쪽으로 휘어집니다.

🧪 미니 실험실

준비물 : 막대풍선, 빈 캔

풍선을 따라가는 캔

❶ 막대풍선을 불어 모피나
머리카락에 문지릅니다.

❷ 빈 캔을 눕혀 놓고 막대풍선을
가져가 대면 캔이 따라옵니다.

다른 극끼리 끌어당기는
자석처럼 풍선에 흐르는
전기와 반대되는 전기가
캔에 모여 막대풍선을 따
라가게 되는 거예요.

호일 구슬이 바쁘게 움직여요

손바닥과 풍선 사이에서 호일 구슬이
왔다갔다 바쁘게 움직이네요.

◀《 **준비됐나요?** 알루미늄 호일, 실, 막대풍선, 가위

놀이 속 숨겨진 과학

마찰로 생긴 전기를 띤 풍선이 알루미늄 호일 구슬을 잡아당깁니다. 끌어당겨진 구슬
이 풍선에 닿는 순간 같은 종류의 전기를 띠게 되어 서로 밀어내지요. 다시 손바닥 쪽
으로 밀려간 구슬은 손에 의해 전기를 잃어버리고 풍선 쪽으로 가게 되고요. 이렇게
왔다갔다 반복하는 과정에서 알루미늄 호일이 진동하게 되는 것입니다.

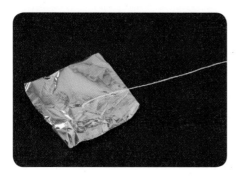

1 호일과 실을 적당한 크기와 길이로 자릅니다.

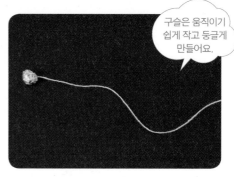

구슬은 움직이기 쉽게 작고 둥글게 만들어요.

2 호일 위에 실의 끝부분을 넣고 호일을 구슬처럼 뭉칩니다.

3 막대풍선을 모피나 머리카락에 문지릅니다.

정전기가 잘 발생하도록 손바닥과 풍선과의 거리는 너무 멀지 않게 해요.

4 호일 구슬이 달린 실을 매달아 놓고 구슬을 중심으로 손과 풍선을 마주보게 하면 구슬이 왔다갔다 움직입니다.

🧪 미니 실험실

준비물 : 풍선 2개

벽에 딱 붙은 풍선

❶ 풍선 2개를 적당한 크기로 불어 서로 문지릅니다.

❷ '붙어라' 주문을 걸고 벽에 갖다 대면 풍선이 딱 붙습니다.

풍선끼리 문지르면 풍선에 정전기가 생겨요. 이것을 벽에 대면 정전기가 풍선을 벽으로 끌어당기게 되고 풍선이 벽에 딱 붙게 됩니다.

잽싸게 도망가는 빨대

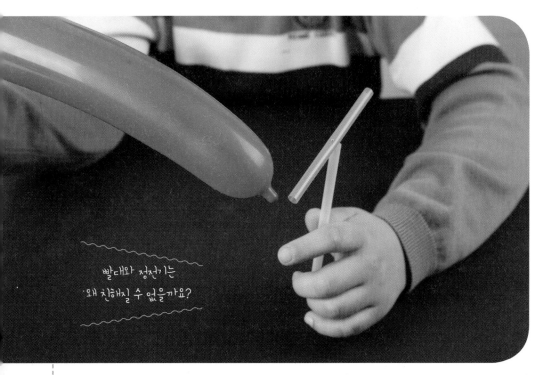

빨대와 정전기는
왜 친해질 수 없을까요?

◀〓 준비됐나요? 막대풍선, 빨대, 핀, 가위

놀이 속 숨겨진 과학

모든 물체에는 같은 **양(+)의 전기**와 **음(-)의 전기**가 들어 있어요. 그러나 머리카락이나 모피에 문지르면 **정전기**로 인해 그 균형이 깨지면서 양(+) 전기 또는 음(-) 전기가 많아지게 됩니다. 빨대에 PVC 막대를 가까이 대면 막대를 밀어내면서 빨대가 반대 방향으로 돌아가는데 그 이유는 같은 종류의 전기가 흐르고 있기 때문입니다. 같은 극끼리는 밀어내고 다른 극끼리는 붙으려는 자석의 원리와 똑같아요.

핀을 가운데에 꽂아야 균형을 잡고 돌아요.

1 빨대를 10cm 정도의 길이로 잘라 빨대 가운데에 핀을 꽂습니다.

2 빨대 꽂은 핀을 잘라 놓은 다른 빨대 구멍에 넣어 T자 모양으로 만듭니다.

풍선에 물기가 있으면 정전기가 생기지 않아요.

3 막대풍선을 모피나 머리카락에 문지릅니다.

4 문지른 막대풍선을 빨대 가까이 대면 빨대가 막대풍선을 밀어내면서 움직입니다.

미니 실험실

준비물 : 호일, 가위, 핀, 빨대, 막대풍선

호일은 정전기를 좋아해~

❶ 호일을 10cm 정도의 길이로 자른 뒤 가운데에 핀을 꽂고 빨대 구멍에 넣습니다.

❷ 막대풍선을 머리카락에 문지르고 호일 가까이 가져가면 호일이 막대 쪽으로 움직입니다.

알루미늄 호일은 막대풍선과 다른 전기가 흐르고 있어 서로 밀어내지 않고 가까워지는 것입니다.

장갑을 끼면 나도 초능력자

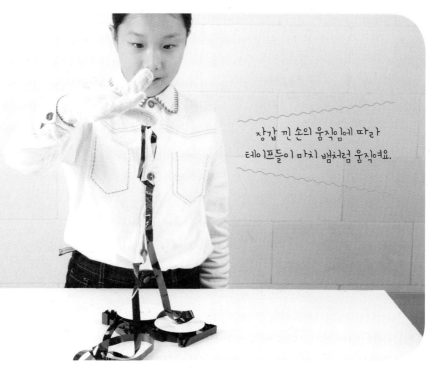

장갑 낀 손의 움직임에 따라
테이프들이 마치 뱀처럼 움직여요.

◀⟨⟨ **준비됐나요?** 못 쓰는 비디오테이프(또는 카세트테이프), 미니 자석, 장갑, 가위

놀이 속 숨겨진 과학

비디오테이프나 카세트테이프 속에 들어 있는 까만 테이프를 자기 테이프라고 하는
데, 자기 테이프도 자석과 같은 물질로 만들어져 있답니다. 그래서 자기 테이프에 자
석을 갖다 대면 달라붙게 되는 거예요. 이 테이프 안에는 우리가 보고 듣는 영상이나
음악이 기록되어 있는데, 만약 자석을 가까이 하면 테이프가 망가져 기록된 내용들이
지워질 수 있어요. 그러니 테이프 근처에는 절대 자석을 두지 마세요.

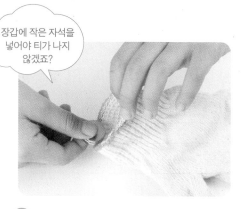

장갑에 작은 자석을 넣어야 티가 나지 않겠죠?

1 비디오테이프에서 테이프만 빼내 가위로 적당히 자릅니다.

2 미니 자석을 장갑 속에 미리 넣어둡니다.

3 그런 다음 장갑을 끼고 잘라 놓은 필름 가까이로 손을 가져갑니다.

4 테이프들이 꿈틀꿈틀 일어서며 손에 달라붙습니다.

궁금해요

바코드에 있는 자기력선

백화점이나 마트에서 물건을 살 때 포장지 뒷면에 가늘고 굵은 검은 막대가 그려진 네모난 줄 표시를 본 적이 있을 거예요. 이것을 바코드라고 하는데 이 작은 표시에는 상품을 제조한 국가, 회사, 제품번호 등 많은 정보가 담겨 있답니다. 검은색 바코드 막대에는 자기력선이 있어서 바코드 위에 철가루를 묻히면 자석처럼 조금씩 달라붙어요. 그 위에 테이프를 붙이면 테이프에 자기력선이 나타나 눈으로 자기력선을 볼 수 있어요.

팔짝팔짝 꽃게가 춤을 춰요

고무자석으로 꽃게가 춤을 추는
재밌는 놀이를 해봐요.

◀≣ **준비됐나요? 고무자석 2개, 테이프, 꽃게그림**

놀이 속 숨겨진 과학

고무자석에 클립을 갖다 대보면 한 면에는 붙고 다른 한 면에는 붙지 않습니다. 즉 고무자석은 한 면만 자석의 힘을 가지고 있는 반쪽 자석이지요. 고무자석은 N극과 S극이 번갈아가면서 붙어 있는데 같은 극끼리는 밀치는 힘이 작용하고, 다른 극끼리는 당기는 힘이 작용하게 됩니다. 이런 성질 때문에 고무자석을 다른 고무자석 위에서 잡아당기면 밀치고 당기는 힘이 작용하여 꽃게가 팔짝팔짝 뛰는 것처럼 보이는 거예요.

고무자석 길이가 짧으면 테이프로 연결해서 길게 만들어요.

1 광고판에서 떼어낸 고무자석을 준비해서 두 줄로 만들어요.

2 꽃게 그림 뒷면에 고무자석을 붙입니다.

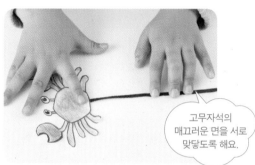

고무자석의 매끄러운 면을 서로 맞닿도록 해요.

3 고무자석 하나는 바닥에 놓은 뒤 그 위에 고무자석을 붙인 꽃게 그림을 잡아당기면 통통 튑니다.

4 꽃게 그림을 붙인 고무자석을 다른 고무자석 위에서 잡아당기면 꽃게가 팔짝팔짝 뜁니다.

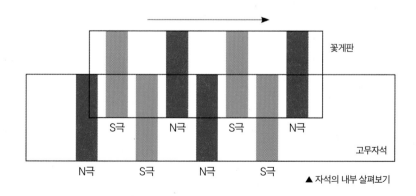

꽃게판

S극　　N극　　S극　　N극　　고무자석

N극　　S극　　N극　　S극

▲ 자석의 내부 살펴보기

혼자서 돌아가는 장난감 만들기

내 손으로 빙글빙글 돌아가는
장난감을 만들어 봐요.

◀❮ 준비됐나요? 필름통(또는 작은 종이컵), 건전지, 네오듐 자석, 알루미늄 호일, 압핀, 가위

놀이 속 숨겨진 과학

자석의 힘이 작용하는 곳, **자기장**에 전류가 흐르는 도선이 있으면 수직 방향으로 힘을 받게 됩니다. 그 힘의 크기는 건전지의 전압이 클수록, 자석의 힘이 셀수록 커져서 더 빨리 돌게 되지요. 즉 전류가 만드는 힘은 자석이 만드는 자기력과의 밀어내는 힘에 의한 것이라 할 수 있어요.

1 알루미늄 호일을 가로 세로 14×2cm로 자릅니다.

2 필름통 위에 자른 호일을 길게 붙입니다.

3 필름통 바닥 가운데에 압핀을 꽂아 호일을 고정시킵니다.

4 네오듐 자석을 호일로 얇게 쌉니다.

5 호일로 싼 자석 위에 건전지를 올려 놓습니다.

6 건전지 위에 필름통을 덮으면 빙글빙글 돌아갑니다.

자석을 돌리면 돌리는 방향으로 통도 움직여요

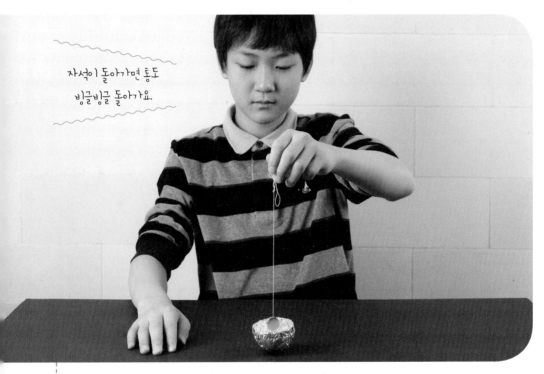

자석이 돌아가면 통도
빙글빙글 돌아가요.

◀ᐊ **준비됐나요?** 뽑기 통, 네오듐 자석, 실, 호일

놀이 속 숨겨진 과학

통에 손을 대지 않고 자석만 돌렸는데도 통이 돌아갑니다. 왜 그런 걸까요? 자석의 힘을 변화시키면 그 변화에 저항하는 힘이 생겨요. 그 힘을 전자기유도라고 해요. 그 힘이 전기를 만드는 원인이 된답니다. 자석이 움직이면 자석 힘의 세기가 변화하지요. 그 변화를 방해하는 방향으로 통이 움직이게 됩니다. 회전하는 자석의 N극 쪽이 멀어지게 되면 그를 끌어당기는 인력인 S극의 자기력이 생성되고, 그 유도된 자기력에 의해 뒤따라오는 S극과 밀어내는 척력이 되기 때문이지요.

실을 잡고 자석을 돌릴 수 있게 하세요.

통이 없으면 알루미늄 캔의 아래 부분을 잘라서 하세요.

1 뽑기 통을 알루미늄 호일로 감쌉니다.

2 자석 두 개 사이에 실을 끼워 자석을 달아줍니다.

바닥면이 매끄러운 곳에 놓도록 합니다.

3 알루미늄 호일로 감싼 통의 오목한 면을 아래쪽에 위치하게 합니다.

4 네오듐 자석이 달린 실을 돌려 통이 돌아가는 것을 관찰합니다.

미니 실험실

준비물 : 실, 알루미늄, 자석, 빨대

데구르르 구르는 호일

알루미늄 호일에 직접 자기장을 변화시켜도 호일이 움직여요. 알루미늄호일을 카드 크기(12× 12cm)로 접은 것을 빨대나 휴지심 위에 올려놓아요. 그리고 자석을 실에 매달아 흔들어 주면 호일이 움직이는 것을 볼 수 있어요. 자기장이 변화하면 알루미늄 전자가 같은 방향으로 배열하면서 그 변화를 방해하는 힘이 생기기 때문이지요.

둥둥 떠 있는 얼음

실로 얼음을 들어올릴 수 있어요.

◀≡ 준비됐나요? 얼음, 실, 소금, 접시

놀이 속 숨겨진 과학

순수한 물은 0℃에서 얼음이 되고, 100℃에서 물은 기체로 돼요. 그러나 소금물은 0℃ 보다 온도가 낮아져도 얼음이 되지 않고 100℃보다 높아야 기체로 됩니다. 얼음에 소금을 뿌리면 얼음에 맺혀 있던 물에 소금이 용해되어 원래의 물보다 어는 점이 내려가게 됩니다. 그래서 녹은 물속에 실이 파고 들어가요. 실이 들어가면 다시 얼게 되고 그래서 얼음에 실이 달라붙게 되지요.

1 얼음 위에 실을 가로질러 올려놓습니다.

2 그 위에 소금을 뿌립니다.

3 1~2분 정도 그대로 둡니다.

4 실이나 머리카락으로 얼음을 들어 올립니다.

미니 실험실

준비물 : 그릇 3개, 차가운 물, 미지근한 물, 뜨거운 물

찬물   미지근한 물   뜨거운 물

❶ 그릇 세 개에 찬물, 미지근한 물,
　뜨거운 물 세 가지를 준비해요.
❷ 찬물에 넣었던 손을 미지근한 물에 넣어요.
❸ 뜨거운 물에 넣었던 손을 미지근한 물에 넣어요.

겨울에는 영하 20℃를 넘나드는 맹추위에 떨고, 여름에는 30℃가 넘는 무더위를 겪다보면 1~2℃ 정도의 온도 차이는 느끼기가 쉽지 않지요. 크게는 50℃가 넘는 온도 차이를 겪으면서 살다보면 1~2℃ 정도의 온도 차이는 상대적으로 너무 작게 느껴지기 때문이에요. 하지만 온탕과 냉탕의 온도 차이가 크지 않아도 우리의 피부는 그 차이를 기억하고 느끼게 되는 것이죠.

다 함께 신나는 과학 여행을 떠나요

과학에서 말하는 운동은 시간의 흐름에 따라
물체의 위치가 변하는 걸 의미해요. 그러니까
우리가 움직이는 것도 공이 바닥에서 굴러가는 것도
모두 다 운동이라고 할 수 있지요. 여러 가지 운동 현상을
이용한 재미있는 놀이의 세계로 떠나 볼까요?

Part 5

여러 가지
운동 현상과 신나는
과학 탐험

돌려도 쏟아지지 않는 물

거꾸로 돌아도 떨어지지 않는
롤러코스터처럼 물컵을 빙빙 돌려 봐요.

◀━━ **준비됐나요?** 투명 플라스틱 컵, 물, 송곳, 굵은 끈

놀이 속 숨겨진 과학

컵에 물을 넣고 빙글빙글 돌리기 시작하면 컵은 관성에 의해 계속 돌아가려고 합니다. 이때 컵 안의 물에는 밖으로 나가려는 힘인 **원심력**이 작용하는데, 반대로 물을 잡아당기는 힘인 **구심력**도 작용하게 됩니다. 바로 이 구심력 때문에 물이 쏟아지지 않는 거예요. 사람들을 태우고 360도로 회전해도 밑으로 떨어지지 않는, 놀이동산의 롤러코스터나 우리의 전통 놀이인 쥐불놀이도 이와 같은 원리를 이용한 것이랍니다.

서로 마주보도록 구멍을 뚫어요.

1 플라스틱 컵의 입구 가까이 서로 마주보는 쪽에 송곳으로 구멍을 뚫습니다.

2 컵의 한쪽 구멍에 굵은 끈을 넣어 묶은 다음, 반대편 구멍에도 끈을 넣어 묶습니다.

물의 움직임이 잘 보이도록 물감을 섞었어요.

3 컵에 물을 반 정도 담습니다.

물이 쏟아져도 괜찮은 곳에서 돌리세요.

4 줄을 잡고 물컵을 빠르게 돌리면 물이 쏟아지지 않습니다.

 **궁금해요**

쥐불놀이가 뭐예요?

오곡밥을 먹는 정월대보름날 하는 우리나라 전통 놀이인 쥐불놀이는 풀밭에 사는 해로운 들쥐나 해충을 태워 곡식들이 잘 자라도록 하기 위해 시작된 민속 놀이예요. 통조림 깡통에 여기저기 구멍을 내어 깡통 입구 쪽 구멍에 철사를 묶은 다음 불 붙인 나무를 넣어요. 그런 다음 팔을 길게 뻗어 빙글빙글 돌리다가 불이 활활 타오르면 깡통을 하늘로 던진답니다. 쥐불놀이를 할 때는 꼭 어른과 함께하고 특히 불조심을 해야 해요.

오줌 누는 페트병

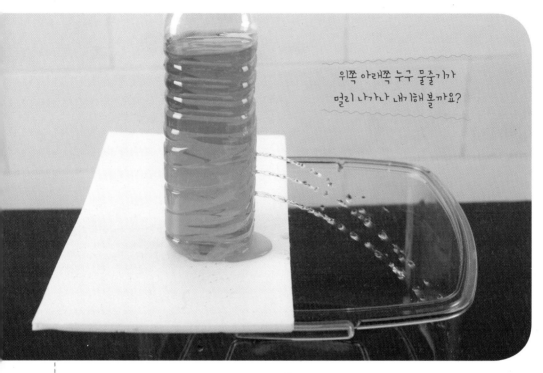

위쪽 아래쪽 누구 물줄기가
멀리 나가나 내기해 볼까요?

◀┊⟨ **준비됐나요?** 뚜껑 있는 페트병, 송곳, 물, 이쑤시개

놀이 속 숨겨진 과학

뜨거운 탕 속에 몸을 담그고 있으면 어느 순간 숨쉬기가 불편해지는데, 그 이유는 바로 물이 누르는 힘인 **수압** 때문이에요. 책을 한 권 드는 것보다 여러 권 들 때가 더 무거운 것처럼 물의 깊이가 깊어질수록 수압은 더 세집니다. 즉 페트병의 아래쪽일수록 수압이 더 세기 때문에 맨 아래 구멍에서 나가는 물줄기가 가장 멀리 나가게 되는 거예요.

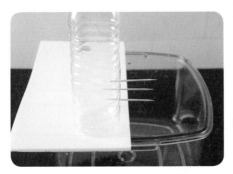

1 페트병에 높이가 각각 다르게 송곳으로 여러 군데 구멍을 뚫고 이쑤시개를 꽂습니다.

물의 움직임이 잘 보이도록 물감을 섞었어요.

2 이쑤시개를 꽂은 페트병에 물을 넣고 뚜껑을 닫습니다.

3 이쑤시개를 하나씩 빼도 물이 새지 않습니다.

구멍의 높낮이에 따라 물이 나가는 거리가 달라져요.

4 이쑤시개를 다 뺀 뒤 페트병 뚜껑을 열면 구멍에서 물이 새어 나옵니다.

 궁금해요

사람은 물속에 얼마나 깊이 들어갈 수 있을까?

스쿠버 장비를 착용하지 않은 보통 사람들은 수심 10미터 아래로는 잠수하기 힘들다고 해요. 전문 잠수부라면 50미터 아래까지 가능한데 그보다 더 깊이 내려가려면 특수한 장비가 필요하답니다. 물속으로 깊이 들어갈수록 물의 압력은 높아지고 물의 온도는 낮아지기 때문에 몸을 보호할 수 있는 장비가 필요한 것이지요. 그런데 최근에 한 영국 여성이 아무런 잠수 장치도 없이 한 번의 호흡으로 수심 96미터까지 잠수해 세계를 깜짝 놀라게 한 적이 있답니다.

81

빙글빙글 돌면서 물을 뿌리는
깡통 스프링클러 만들기

빙글빙글 돌면서 물을 뿌리는
깡통 스프링클러를 만들어 봐요.

물이 튈 수 있으니
욕실에서 하는 것이
좋아요.

◀《 준비됐나요? 음료수 캔, 송곳, 실, 물통, 물

놀이 속 숨겨진 과학

캔이 스스로 빙글빙글 돌아가는 비밀은 바로 **수압**에 있어요. 물을 채운 캔을 밖으로 꺼내면 구멍 사이로 물이 흘러나오기 시작하는데, 이때 캔 안의 물이 나가는 반대 방향으로 밀어내면서 물이 나온답니다. 이렇게 밀어내는 힘이 여러 구멍에서 나와 합쳐지면서 깡통이 빙빙 돌게 되는 것이죠. 실제 스프링클러는 특수한 장치로 되어 있어 물을 모았다가 스프링의 힘으로 밀면서 작동하지만, 전기가 아닌 수압으로 물이 나오는 원리는 똑같아요.

송곳을 사용할 때 손이 다치지 않도록 조심하세요.

한쪽으로 눌러 한 방향으로 기울어지게 구멍을 뚫어요.

1 송곳으로 캔의 아래쪽 옆면에 일정한 간격으로 4개의 구멍을 뚫습니다.

2 캔 뚜껑 손잡이를 똑바로 세우고 뚜껑 연결 부위에 실을 매답니다.

바닥에 물이 튀지 않도록 물통을 놓으세요.

3 캔에 물을 가득 채웁니다.

캔에 뚫은 구멍이 크고 개수가 많을수록 깡통의 회전 속도도 빨라져요.

4 실을 잡고 캔을 들어 올리면 캔이 돌아가면서 물을 쏟아 냅니다.

빙글빙글 돌면서 불을 끈다! 스프링클러

스프링클러는 불이 났을 때 열이나 연기를 감지하고 물을 뿜어내어 불을 끄는 장치입니다. 열을 감지한 순간 물을 뿜으면서 돌아가는데 처음에는 중앙에서 바깥쪽으로 물이 나오지만, 점차 물이 나오는 방향과 반대 방향으로 나가요. 물과 스프링클러 사이에 미는 힘이 작용하기 때문이지요. 바퀴 달린 의자에서 물체를 던졌을 때 던진 방향과 반대 방향으로 의자가 밀리는 것과 같은 현상인데, 이것을 작용 반작용이라 해요.

82

슝~ 로켓 발사!

풍선 로켓을 우주로

5 4 3 2 1 발사! 슝~ 앞으로 나가는
풍선 로켓을 만들어 봐요.

◀〓 **준비됐나요?** 풍선, 볼펜자루, 빨대, 고무밴드, 테이프, 실, 가위

놀이 속 숨겨진 과학

풍선을 크게 분 다음 풍선 입구를 놓았을 때 풍선이 로켓처럼 쏜살같이 앞으로 나가는
이유는 풍선 속에 차 있던 공기가 밖으로 내뿜어져 나오기 때문이에요. 공기가 밖으로
내뿜어지는 쪽과 반대 방향으로 풍선 로켓이 날아가는데 이러한 현상을 **작용 반작용**
이라고 합니다. 풍선의 크기를 다르게 하여 누구 풍선이 더 멀리 나가나 시합해 봐요.

공기가 새어 나가지 않도록 풍선을 볼펜자루에 단단히 고정시키세요.

1 불지 않은 풍선 입구에 볼펜자루를 끼우고 고무밴드로 고정시킵니다.

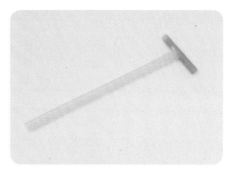

2 빨대 하나는 2~3cm 정도로 자르고, 하나는 길게 잘라 T자 형태로 만들어 테이프로 붙입니다.

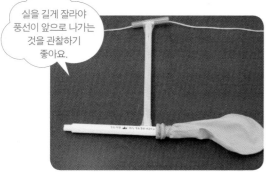

실을 길게 잘라야 풍선이 앞으로 나가는 것을 관찰하기 좋아요.

3 T자로 연결한 빨대를 볼펜자루 가운데에 테이프로 붙이고 빨대에 실을 끼웁니다.

바람이 새지 않도록 손으로 구멍을 꽉 막고 있어야 해요.

4 실을 벽에 고정시키고 풍선에 바람을 넣었다가 손을 놓으면 풍선이 실을 타고 날아갑니다.

 궁금해요

우리는 언제쯤 우주여행을 할 수 있을까?

늘 상상 속에서만 꿈꿔 왔던 우주여행도 먼 미래의 이야기만은 아닌 세상이 되었어요. 지금은 전문 우주비행사가 아니어도 훈련을 받고 비용만 내면 누구나 우주여행을 할 수 있답니다. 다만 아직까지는 비용이 엄청나다는 것이 흠인데 우주여행 비용은 20만 달러, 우리나라 돈으로 약 2억 5천만 원이나 든다고 해요. 그렇다고 미리 포기하거나 좌절하지 마세요. 언젠가 큰돈 없이도 우주여행을 떠날 수 있는 날이 올 거예요.

거꾸로 가는 모래시계

투명 필름을 조금씩 빼내니 아래 있던
물이 점점 거꾸로 올라가네요.

◀≣ 준비됐나요? **투명 필름(또는 책받침), 투명한 컵 2개, 물엿, 물**

놀이 속 숨겨진 과학

왜 아래쪽에 있는 물이 위로 올라갈까요? 그 이유는 바로 물엿이 물보다 밀도가 높기 때문이에요. **밀도**란 한정된 공간에 얼마나 꽉 차 있는지를 나타내는데요. 예를 들어 공이 가득 들어 있는 상자는 공이 반밖에 차지 않은 상자보다 밀도가 더 크다고 하는 거예요. 밀도가 높은 액체는 밀도가 낮은 것보다 무거워서 밑으로 가라앉기 때문에 물엿이 밑으로 가라앉고 물은 위로 올라가는 것이랍니다.

물의 움직임이 잘 보이도록 물감을 섞었어요.

모양과 크기가 같은 컵으로 준비하세요.

1 컵 하나에는 물을 넣고 다른 컵에는 물엿을 넣습니다.

컵 위에 덮을 필름은 컵 입구보다 조금 크게 자르세요.

2 투명 필름을 적당한 크기로 잘라 물엿이 들어 있는 컵 위에 덮습니다.

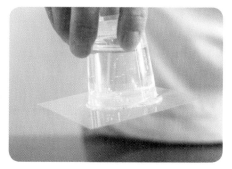

3 컵 위에 덮은 필름을 손으로 누른 다음 물엿이 쏟아지지 않게 컵을 재빨리 뒤집습니다.

4 물엿 컵을 뒤집은 상태로 물이 들어 있는 컵 위에 마주보게 올려 놓습니다.

5 가운데 끼어 있는 필름을 손으로 조금씩 빼냅니다.

필름을 조금씩 빼내야 아래쪽 물이 서서히 올라가는 모습을 볼 수 있어요.

6 필름을 빼낼 때마다 아래 있는 물이 위로 점점 올라갑니다.

귤껍질 잠수함 만들기

귤껍질이 물속으로 잠수했다
위로 올라왔다 마음대로 움직여요.

◀ᑕᑊᑕ **준비됐나요?** 귤껍질, 작은 페트병, 물

놀이 속 숨겨진 과학

물을 채운 페트병에 귤껍질을 넣은 다음 페트병을 손으로 꽉 누르면 그 압력에 의해 귤껍질 속에 들어 있던 공기가 빠져나가게 됩니다. 귤껍질 속의 공기 부피가 줄어드니 귤껍질이 가라앉게 되는 거예요. 누른 손을 떼면 다시 원래대로 압력이 돌아와 귤껍질 속의 공기 부피가 늘어나기 때문에 위로 떠오르는 것이랍니다.

귤껍질을 잠수함 모양으로 잘라서 넣으면 더 재미있겠죠?

귤껍질은 미리 넣어 두지 마세요.

1 페트병에 2/3 정도 물을 채우고, 귤껍질을 잘게 잘라 넣습니다.

2 페트병 뚜껑을 닫은 뒤 손으로 페트병 아래 부분을 꽉 누르면 귤껍질이 아래로 내려갑니다.

3 페트병을 눌렀던 손에 힘을 빼면 귤껍질이 위로 올라갑니다.

 궁금해요

잠수함은 어떻게 뜨고 가라앉을까?

엄청난 무게의 잠수함이 어떻게 물 위에 뜨기도 하고 가라앉기도 하는 것일까요? 물에 뜨고 가라앉는 비밀은 잠수함 양쪽에 달려 있는 공기탱크에 있어요. 잠수함이 물 위에 떠 있을 때는 이 탱크가 공기로 가득 차고, 물속으로 가라앉을 때는 탱크 안으로 바닷물이 들어오면서 잠수함이 무거워져 가라앉게 되는 거예요. 이렇게 공기탱크를 이용하여 잠수함의 무게를 수시로 바꿀 수 있는 것이랍니다.

둥둥 떠오르는 달걀

물에 소금을 넣으니 가라앉았던
달걀이 둥실 떠올라요.

◀━〈 **준비됐나요?** 날달걀, 소금, 물, 유리컵

놀이 속 숨겨진 과학

물에서는 가라앉았던 달걀이 소금물에서는 왜 뜰까요? 그 비밀은 바로 **소금**에 있어요. 소금이 물에 녹는다는 사실은 모두들 알 거예요. 소금이 물에 녹는 순간 물은 예전의 물이 아니랍니다. 짠 소금물로 변신하면서 밀도가 커져 소금보다 밀도가 작은 가벼운 물체들을 띄울 수 있는 힘이 생기게 된답니다. 그래서 소금물보다 밀도가 작은 달걀이 둥둥 뜨는 거예요. 하지만 동전은 어떨까요? 동전은 소금물보다 밀도가 크기 때문에 소금물에 넣자마자 가라앉아요.

달걀이 잠길 정도로 물을 채워요.

1 컵에 물을 2/3 정도 채웁니다.

2 달걀을 컵에 넣어 봅니다.

3 달걀이 컵 바닥에 가라앉습니다.

달걀이 떠오르지 않으면 소금을 더 넣어 주세요.

4 컵에 소금을 넣으면 달걀이 점점 위로 떠오릅니다.

 궁금해요

사람도 둥둥 뜨는 사해

아라비아 반도에 있는 사해는 일반 바다보다 소금의 농도가 10배 정도 높아 어떤 생물도 살 수 없답니다. 그래서 Dead Sea, 즉 죽음의 바다라고 불리고 있지요. 그러나 사실 사해는 물이 흘러 나갈 구멍이 없기 때문에 바다가 아닌 호수에 가깝답니다. 사해에 들어가면 수영을 못하는 사람들도 물 위에 저절로 둥둥 뜬다고 하니 참 신기하지요?

캔을 찌그러뜨릴 수 있어요

손 대지 않고 순식간에 빈 캔을
종이처럼 구길 수 있어요.

◀ 준비됐나요? 빈 알루미늄 캔, 물통, 얼음물, 집게, 주방장갑

놀이 속 숨겨진 과학

캔에 물을 조금 넣고 끓이면 물이 수증기로 변하면서 캔 안에 있던 공기는 바깥으로 밀려나가고 캔 안은 수증기로 가득 차게 됩니다. 이때 뜨거워진 캔을 얼음물에 집어 넣으면 가열될 때 늘어났던 수증기 부피가 확 줄어들면서 캔 안에는 공기가 거의 없는 상태가 되지요. 그렇게 되면 캔 안의 기압이 바깥에 비해 낮아지게 되고, 바깥의 공기 압력에 밀려 캔이 종이처럼 찌그러지게 된답니다.

캔을 가열할 때는 반드시 집게를 사용하고 주방장갑도 껴주는 것이 안전합니다.

1 빈 캔에 물을 조금 넣고 가스레인지 위에서 10~20초 정도 가열합니다.

2 캔 입구에서 수증기가 나오기 시작하면 불을 끕니다.

캔 입구부터 거꾸로 넣어야 안전해요.

3 준비해 둔 얼음물에 가열한 캔을 집어넣습니다.

캔 속에 물이 먼저 들어가면 캔이 찌그러지지 않을 수도 있어요.

4 얼음물에 넣는 순간 캔이 찍 소리를 내며 찌그러집니다.

 궁금해요

음료수 캔 밑바닥이 오목한 이유

마시던 음료수 캔 바닥을 살펴보세요. 주로 사이다나 콜라와 같은 탄산음료 캔의 밑바닥이 오목하게 들어가 있을 거예요. 왜 그럴까요? 탄산음료 속에는 기체가 녹아 있는데 온도가 높아지면 기체가 음료 밖으로 빠져나와 캔 안의 압력이 높아지게 됩니다. 이때 압력을 가장 많이 받게 되는 캔 밑면을 오목하게 만들면 압력이 고르게 작용하여 캔 모양이 변하지 않기 때문이지요.

종이냄비로 달걀을 삶아요

종이로 냄비를 만들어
달걀을 삶아 볼까요?

◀≡ᛕ **준비됐나요?** 두꺼운 종이, 달걀, 스테이플러, 물, 컵, 캔 2개, 초, 라이터

놀이 속 숨겨진 과학

종이는 불에 잘 타는데 종이냄비는 왜 타지 않을까요? 그 이유는 바로 종이냄비 안의 물이 열을 빼앗아가기 때문이에요. 촛불이 종이를 태우기도 전에 물이 불의 열을 빼앗아가니 종이가 탈 수 있는 온도까지 오르지 못하니까요. 그래서 종이냄비 안의 물은 끓지만 종이냄비는 타지 않는답니다. 그래도 이 놀이를 할 때는 특히 불조심을 해야겠죠?

물이 새지 않도록 단단히 만드세요.

1 두꺼운 종이를 네모 모양으로 접어 스테이플러로 고정시켜 종이냄비를 만듭니다.

캔은 종이냄비 넓이보다 좁은 간격으로 세우세요.

초는 캔의 높이보다 낮은 것으로 준비하세요.

2 캔 2개로 양쪽 기둥을 세우고 그 사이에 촛불을 세웁니다.

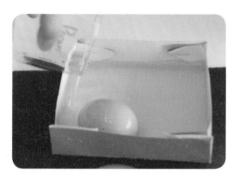

3 종이냄비에 물을 조금 붓고 달걀을 넣습니다.

오래오래 삶아야 달걀이 익어요.

4 종이냄비를 캔 위에 올리고 촛불이 가운데로 오도록 해도 냄비는 타지 않습니다.

궁금해요

불은 무조건 물로 끈다?

불이 나면 물로 끄는 것이 당연하다고 생각하는 친구들이 많을 거예요. 물론 물로 불을 끄는 게 틀린 건 아니지만 자칫 불이 더 번질 수도 있답니다. 그래서 불이 난 원인에 따라 끄는 방법을 달리해야 해요. 전기로 난 불을 물로 끄려 하면 감전될 수 있으니 꼭 소화기를 사용하고, 기름으로 인한 불도 물이 기름에 섞이지 않고 기름 밑으로 가라앉기 때문에 소화기로 꺼야 합니다. 하지만 무엇보다도 화재가 나지 않도록 조심하는 게 가장 중요하겠죠?

입 안 대고 풍선 불기

드라이아이스 조각을 풍선에
넣었더니 풍선이 점점 커져요.

◀┊ **준비됐나요?** 풍선, 드라이아이스, 장갑, 망치

놀이 속 숨겨진 과학

드라이아이스는 얼음과 생김새는 비슷하지만 얼음보다 훨씬 온도가 낮아요. 그래서 맨손으로 잡게 되면 손에 달라붙거나 심한 경우 피부가 얼어서 동상이 걸릴 수도 있으니 조심해야 해요. 드라이아이스는 녹으면 물이 아닌 기체가 되어 바로 날아가 버리는데, 드라이아이스가 사실은 고체 상태의 이산화탄소이기 때문이에요. 드라이아이스가 이산화탄소로 변하면서 원래보다 부피가 훨씬 커지기 때문에 풍선이 점점 부풀어 오르는 것입니다.

망치는 조심해서 다루세요.

1 망치를 이용해 드라이아이스를 잘게 부숩니다.

드라이아이스를 만질 때는 반드시 장갑을 끼고 하세요.

2 풍선 입구를 벌려 잘게 부순 드라이아이스를 넣습니다.

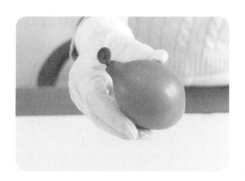

3 풍선 입구를 꼭 묶어 줍니다.

4 풍선이 점점 부풀어 오르면서 커집니다.

미니 실험실

준비물 : 드라이아이스, 장갑, 쇠숟가락, 플라스틱 숟가락

소리 나는 숟가락

❶ 드라이아이스 조각을 준비합니다.

❷ 플라스틱 숟가락과 쇠숟가락을 그 위에 올려놓으면 쇠숟가락에서만 소리가 납니다.

드라이아이스 조각에 쇠숟가락을 올려 놓으면 알람시계처럼 찌르릉 소리가 나요. 왜 그럴까요? 쇠는 열을 전달하는 정도가 빨라서 닿은 부분의 드라이아이스가 기체로 변하는 속도도 빨라져, 순간적으로 숟가락을 들어 올려 소리가 나는 거예요. 하지만 플라스틱은 열을 전달하는 정도가 느려 소리가 나지 않아요.

몸집이 킹콩처럼 커져요

뜨거운 물에 아세톤을 넣은
봉지를 담그니 봉지가 붕붕 커져요.

◀〳〵 **준비됐나요?** 비닐봉지, 아세톤, 물통, 뜨거운 물

놀이 속 숨겨진 과학

아세톤으로 손톱의 매니큐어를 지우면 시원하고 가벼운 느낌이 드는데, 그 이유는 아세톤이 액체 상태에서 기체 상태로 변해 날아가기 때문이에요. 아세톤은 온도가 조금만 높아져도 기체 상태로 변해요. 그래서 뜨거운 물에 넣었을 때 비닐봉지 안에 있던 아세톤이 기체로 변하면서 봉지가 점점 커지는 거예요. 기체로 변할 때는 부피가 엄청나게 커지기 때문에 아세톤을 조금만 넣어도 봉지가 커다랗게 부풀어 오른답니다.

아세톤을 넣을 때는 꼭 창문을 열어 환기를 시켜 주세요.

1 아세톤을 비닐봉지에 조금 넣습니다.

틈이 생기지 않도록 묶어야 해요.

2 손으로 비닐봉지 속의 공기를 모두 훑어낸 후, 입구를 단단히 묶습니다.

뜨거운 물을 다룰 때는 데지 않도록 조심하세요.

3 봉지를 뜨거운 물이 담긴 물에 올려놓습니다.

4 봉지가 점점 부풀어 오릅니다.

 궁금해요

물파스로 매니큐어 지우기

엄마 몰래 바른 매니큐어를 지우려고 하는데 아세톤이 없다면 어떻게 할까요? 그럴 땐 물파스로 지워 보세요. 모기나 벌레에 물렸을 때 바르는 시원한 물파스만 있으면 매니큐어를 말끔하게 지울 수 있답니다. 물파스 속에 들어 있는 에탄올이라는 알코올 성분 때문이지요. 매니큐어도 지워주는 강력한 물파스, 냄새 정도는 참을 수 있어야겠죠?

시원 달콤 엄마표 슬러시

빙수기 없이 맛있는
슬러시를 만들어 봐요.

◀ 준비됐나요? 얼음, 굵은 소금, 음료수, 비닐장갑, 뚜껑 있는 통

놀이 속 숨겨진 과학

물은 원래 0도에서 어는데 소금을 넣으면 0도보다 더 낮은 온도에서 얼게 됩니다. 겨울철 바닷물이 잘 얼지 않는 것도 바로 이 때문이지요. 얼음이 소금 때문에 녹아서 물로 변할 때 열이 필요합니다. 그래서 주위에 있던 음료수의 열을 빼앗아가고, 열을 빼앗긴 음료수는 얼어서 맛있는 슬러시가 된답니다.

드라이아이스가 있다면 같이 넣어도 좋아요.

1 뚜껑 있는 통에 얼음을 3/4 정도 담습니다.

소금을 골고루 뿌려야 해요.

2 얼음 위에 굵은 소금을 한 주먹 정도 골고루 뿌립니다.

비닐장갑 대신 지퍼 백을 사용해도 좋아요.

3 비닐장갑에 음료수를 1/3 정도 넣습니다.

4 비닐장갑을 단단히 묶어 얼음통에 넣고 얼음으로 그 위를 덮어 줍니다.

소금이 골고루 섞이도록 잘 흔들어 주세요.

5 뚜껑을 닫고 3~4분 정도 흔들어 줍니다.

6 조금 뒤 뚜껑을 열고 비닐장갑을 꺼내면 음료수가 반쯤 얼어 맛있는 슬러시로 변합니다.

작은 구멍으로 큰 접시를 통과시키는 순간 마술

평면에서 입체로 가면서 구멍이 커져요.

◀◀◀ **준비됐나요?** 큰 접시, 작은 접시, 가위, 도화지

놀이 속 숨겨진 과학

작은 접시 크기의 구멍으로 큰 접시를 통과할 수 있을까요? 평면에서의 길이 비교로 보면 불가능할 것 같지요? 그러나 평면에서의 길이는 공간으로 변화하면 더 긴 길이가 됩니다. 작은 접시의 구멍을 휘게 하는 순간, 지름이 2배가 되는 물체까지 빠져나가게 돼요.

동전의 크기가 다른 50원, 100원짜리 동전을 이용해도 돼요.

1 작은 크기의 접시와 큰 접시 두 개를 준비해요.

종이를 두 번 접어 1/4 크기에서 오리면 편해요.

2 도화지에 작은 접시를 놓고 본을 떠서 오려냅니다.

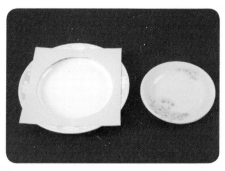

3 작은 구멍을 반으로 접어 그 구멍으로 접시의 위 부분을 넣어요.

평면의 종이를 공간으로 만들면 큰 구멍이 돼요.

4 작은 구멍의 양쪽을 잡아당기면서 접시를 통과합니다.

 **궁금해요**

4차원의 세계를 아세요?

1차원은 선 위를 움직여서 앞뒤로밖에 움직이지 않는 것을 말해요. 서로 마주치게 되면 움직일 수가 없지요. 여기에 옆으로 비켜서 지나가면 가는 공간, 즉 평면으로 나타내는 공간이 2차원이에요. 2차원 공간에서는 옆에 담이 있으면 나갈 수가 없는데 공중으로 해서 밖으로 나갈 수 있는 공간이 3차원 세계지요. 이 공간에 시간이 더해져서 타임머신처럼 시간을 넘나드는 것이 4차원이에요. 아직 우리에게는 3차원의 세계까지가 익숙하기에 4차원의 세계를 잘 모르지요? 그래서 뭔가 잘 모르는 세계를 말할 때 4차원이라 말하기도 해요.

자동차 바퀴가 균형이 맞아야 잘 구르는 이유를 알아봐요

똑같이 굴려도 못 굴러가는 통

누가누가 더 빨리 굴러갈까요?

◀ 〈 준비됐나요? 도화지 1장, 테이프, 클립, 가위, 헝겊

놀이 속 숨겨진 과학

회전하는 바퀴나 축은 전체적으로 균형이 잘 맞아야 잘 굴러갑니다. 한쪽 바퀴만 더 무겁거나 무게중심이 일정하지 않으면 사고가 나겠지요. 똑같이 굴려도 클립을 붙이지 않은 원통이 멀리까지 구릅니다. 반면 종이클립을 붙인 원통은 구르는 모양과 속도가 일정하지 못하지요. 원통 안에 있는 클립이 위에서 아래쪽을 향할 때는 빨라지고 클립이 위로 오르는 동안은 느려지는 현상이 일어나 약간 흔들거리며 구르게 됩니다. 즉 클립을 붙인 원통의 무게가 균형을 이루지 못한 탓에 조금밖에 구르지 못하는 것이지요. 자동차나 트럭의 바퀴도 전체적으로 무게 균형을 이루어야 털털거리지 않고 잘 구릅니다.

1 도화지 1장을 길이로 길게 중앙을 따라 가위로 자릅니다.

지름이 같도록 유지해야 합니다.

2 두 개의 종이를 각각 둥그렇게 감아, 서로 만나는 부분을 접착테이프로 붙여요.

두 원통의 크기가 같도록 해요.

3 원통의 가운데를 잘라 같은 원통 2개를 만듭니다.

무게중심이 흩어지도록 붙입니다.

4 한 원통은 그대로 두고 다른 원통에는 안쪽에 클립을 몇 개 붙여요.

욕실 앞에 있는 발 매트 같은 것을 활용해도 돼요.

5 두 원통을 긴 헝겊 위에 놓습니다.

6 두 원통을 나란히 굴려보아 속도가 다름을 알아봅니다.

회전하면서 떨어지는 헬리콥터 씨앗

빙글빙글 소용돌이 만들며
천천히 내려와요.

◀︎◁ **준비됐나요?** 색종이, 클립, 가위

놀이 속 숨겨진 과학

단풍나무의 씨앗이 떨어지는 것을 본 적이 있나요? 이 씨앗은 우리가 실험한 바람개비 모양으로서 나무에서 떨어질 땐 뱅그르르 돌면서 퍼져 나갑니다. 그렇게 해야 멀리 떨어지게 할 수 있으며 씨를 상하지 않고 안전하게 떨어지게 해요. 프로펠러의 양쪽 날개가 받는 양력의 크기가 같지 않으므로 빙글빙글 돌게 되고 그에 의해 소용돌이가 생겨서 위로 끌어올리는 양력을 받게 되어 천천히 떨어지게 됩니다.

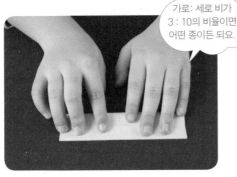

가로 : 세로 비가
3 : 10의 비율이면
어떤 종이든 되요.

1 색종이를 반으로 접고 또 반을 접어
4조각이 되게 합니다.

2 색종이의 1/4 되는 크기를 잘라냅니다.

자른 종이가 서로
반대방향으로
향하도록 접습니다.

3 1/4 조각의 색종이를 또 반을 접어 한쪽은
반으로 자릅니다.

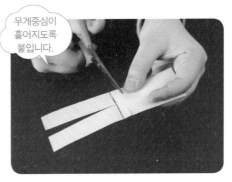

무게중심이
흩어지도록
붙입니다.

4 또 다른 반쪽은 1/10 정도 남기고 세
등분하여 바깥쪽에서 안으로 접습니다.

세 등분하여 접은
종이를 묶는 방향으로
클립을 끼워요.

5 세 등분 하여 안으로 접은 종이에 클립을
끼웁니다.

헬리콥터 씨앗이
나선형으로 돌아가는
것을 확인합니다.

6 완성된 헬리콥터 씨앗을 위로 날려
떨어지는 것을 관찰합니다.

뫼비우스 띠로 하트 만들기

신비의 띠! 하트 모양의
뫼비우스 띠를 만들어 볼까요?

◀◣ 준비됐나요? 종이, 풀, 가위

놀이 속 숨겨진 과학

종이를 길게 잘라 한 번 꼬아 붙인 고리 모양을 **뫼비우스의 띠**라고 불러요. 뫼비우스
의 띠는 안과 밖의 구별이 없는 신기한 도형이라서 연필로 띠의 가운데를 따라 선을
그어보면 연필을 떼지 않고 한 번에 양쪽 면을 모두 그을 수 있답니다. 하트 모양의 뫼
비우스 띠를 만들어 친구에게 선물하면 무척 기뻐할 거예요. 연결된 뫼비우스의 띠를
하트 모양으로 만들려면 각각 다른 방향으로 꼬아야 한다는 것 잊지 마세요.

1 종이를 가로 세로 50×3cm 정도의 길이로 4개를 자릅니다.

2 종이 하나를 꼬아 뫼비우스 띠를 만듭니다.

꼭 같은 방향으로 꼬아야 해요.

3 다른 하나도 같은 방향으로 꼬아 2개의 뫼비우스 띠를 만듭니다.

4 뫼비우스 띠끼리 수직으로 등을 대고 풀로 붙입니다.

5 뫼비우스 띠의 가운데를 가위로 자릅니다.

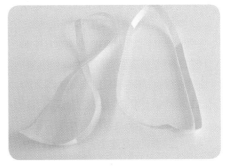

6 같은 방향으로 꼬아 만든 뫼비우스띠는 2개의 떨어진 뫼비우스 띠가 됩니다.

꼭 다른 방향으로 꼬아야 해요.

7 종이를 사진과 같이 서로 다른 방향으로 꼬아 뫼비우스 띠를 2개 만듭니다.

8 뫼비우스 띠끼리 수직으로 등을 대고 풀로 붙입니다.

9 뫼비우스 띠의 가운데를 가위로 자릅니다.

10 다른 방향으로 꼬아 만든 뫼비우스 띠는 2개의 연결된 하트 모양 뫼비우스 띠가 됩니다.

🧪 **미니 실험실**

준비물 : 가로 세로 50×3cm 길이의 종이 1개, 가위, 풀

큰 뫼비우스 띠 만들기

❶ 종이를 꼬아 반대편에 붙여 1개의 뫼비우스 띠를 만들고 가운데를 가위로 자릅니다.

❷ 처음보다 커다란 뫼비우스 띠가 생깁니다.

뫼비우스 띠는 가운데를 잘라도 띠가 2개로 나뉘지 않고, 큰 띠 1개가 된답니다.